灵光乍现

探秘神经科学，激发创造潜能

［西］莫妮卡·库尔缇丝 著
（Mónica Kurtis）
［西］克里斯蒂娜·基雷斯 绘
（Cristina Quiles）
姜春月 译

POTENCIA
TU
CREATIVIDAD
DE LA
MANO
DE LA
NEUROCIENCIA

中国科学技术出版社
·北京·

北京市版权局著作权合同登记　图字：01–2022–5113。

图书在版编目（CIP）数据

灵光乍现：探秘神经科学，激发创造潜能 /（西）
莫妮卡·库尔缇丝著；（西）克里斯蒂娜·基雷斯绘；
姜春月译 . –– 北京：中国科学技术出版社，2023.4
书名原文：Potencia tu creatividad de la mano
de la neurociencia
ISBN 978–7–5046–9902–2

Ⅰ . ①灵… Ⅱ . ①莫… ②克… ③姜… Ⅲ . ①创造性
思维–通俗读物 Ⅳ . ① B804.4–49

中国国家版本馆 CIP 数据核字（2023）第 031763 号

策划编辑	刘　畅　刘颖洁	责任编辑	杜凡如
封面设计	仙境设计	版式设计	蚂蚁设计
责任校对	焦　宁	责任印制	李晓霖

出　　版	中国科学技术出版社
发　　行	中国科学技术出版社有限公司发行部
地　　址	北京市海淀区中关村南大街 16 号
邮　　编	100081
发行电话	010–62173865
传　　真	010–62173081
网　　址	http://www.cspbooks.com.cn

开　　本	880mm × 1230mm　1/32
字　　数	144 千字
印　　张	7.25
版　　次	2023 年 4 月第 1 版
印　　次	2023 年 4 月第 1 次印刷
印　　刷	北京盛通印刷股份有限公司
书　　号	ISBN 978–7–5046–9902–2/B・117
定　　价	69.00 元

致读者

这本书写给所有想要提升自己潜在创造力的人。近几十年来，出现了大量的科学研究，开始破译我们大脑中的创意是怎样被"烹制"出来的。研究此话题的实验室和出版物数量呈指数级增长，但是很少有人能够接触到这些既令人振奋又十分实用的信息。本书力图以严谨并易于理解的方式把神经科学在创造力方面的进展展示给大众，以弥补这方面的不足。本书非常注重实用性，目的是使你能够应用神经科学知识，并且每天提高你的创造力。

这整本书中，你将发现我引用了很多科学文章和一些书籍。虽然这不是一本学术书，但是我认为引用让我得出结论的资料来源很重要，毕竟大多数结论是新颖的，甚至有些是有争议性的。这样，如果你对它们特别感兴趣，你就可以到原著中去验证数据，以便继续深入了解。有时，你会看到我用括号框住了解剖学或神经学的概念以免让技术性的解释"干扰"阅读。如果你愿意，你可以选择忽略这些细节，沉浸于钻研人脑的特点。

祝你阅读愉快，希望本书能够架起你的创造力和神经科学之间的友谊桥梁。

莫妮卡·库尔缇丝

目　　录

引言
自我定位

你能想象一个没有创造力的世界吗？闭上眼睛几秒钟你就会看到它是什么样子的吗？那个世界里有你穿的衣服吗？有电灯吗？有汽车吗？有城市吗？那里不会存在我们今天认为理所当然的东西，实际上，我们很有可能继续住在山洞中，过着打猎的生活。一个相当灰暗的场景……

创造力是人类的一种能力，它让我们产生一些神奇想法，把我们的世界一天天地变得越来越好。从集体角度来讲，创造力是发动机，它推动着文化、艺术、科技、电影和经济的进步，同时促进着你能够想到的生活中的方方面面的发展。从个人角度看，创造力帮助我们自己提问、寻找解决办法、自我娱乐、自我表达……甚至找到自我。是的，创造力给予我们"生命"，让我们兴奋。正如毕加索（Picasso）以极其诗意的方式谈论艺术时所说的那样"把日常生活的尘土从灵魂中拿走"，当我们把大脑中的尘土吹走时，我们就会发现创造力……

为什么写这本书

近几十年来，创造力获得了新的价值，它不再是艺术家或者怪人的专属特质，而是在企业、教育和通信等领域都存在的一种特质，甚至被视为取得专业成就和个人成就最重要的领导能力之一。在创造力成为流行热潮的同时，神经科学在这方面的研究也取得了进展，但是这些成果还没有传播到普通大众当中。这本书试图填补这方面的空白，并普及神经科学界人士对创造力的看法，让我们所有人都从中受益。目前，许多研究正在使用最现代的神经影像学和神经生理学技术来找出创造力藏在大脑中的哪个位置，以及如何激发我们的创造力。你想了解这些知识怎样才能帮助到你吗？

在后面的内容中你能学到许多新知识，比如：如何定义创造力、不同的创造模式，并介绍"产生"创造力的大脑网络、创造力的基本要素以及关于创造力的主要"破坏者"的最新科学研究。作为读者，你还将学习到最新的神经科学知识。但是，我们都知道，"知道"一件事情与每天练习一件事情是不一样的。你可以知道许多关于健康饮食的知识，但是如果你在吃饭的时候不应用这些知识，是不会有什么变化的。如果你学会了关于创造力的知识，会发生什么？它对你有什么用？它会改变你的生活吗？

这本书的目的不是让你学习很多关于创造力的理论知识，而是让你在读完这本书之后，让你变得更有（一点儿或很多）创造力。另外，你将有能力在日常生活中应用一些工具以便可以在未来的几个月甚至几年之中不断地提升自己的创造力。为此，有两件事情是最为重要的。第一，你要把所有关于创造力的先入为主的想法都放到一边。如果你怀疑你的创造力，如果你认为自己没有天赋，如果你在压力下停滞不前，如果你很难有新的想法……那么，请你继续读下去。你需要这样做，带着开放的头脑去读神经科学家对于创造力的看法，并准备好把学到的知识应用到你的生活中。第二，这个建议将会帮助你最大限度地用好本书。我鼓励你去回答你在阅读过程中遇到的问题并且完成书中的练习。这些问题和练习会让你停下来，思考并且主动参与到加强创造力的过程中。在继续阅读之前，请你与自己约定，一定要完成练习，重复练习，并把你自己的创造力内化于练习中。

为什么要如此重视实践？因为我们的大脑会基于练习和重复而产生变化。当你第一次做一件事的时候，你的神经会创造新的连接（对，想象一个电网）。在重复的基础上，新的网会更加牢固，变得更粗壮、更结实、更有效率（从电线到光纤都一样）。与此同时，如果你不再使用这些连接，那些产生（对你没有用的）旧习惯的连接就会逐渐消失（这些连接会因为不再使用而萎缩，就像一只被打上石膏的胳膊上的肌肉一样）。我们的大脑正是这样运作的，这个过程叫作脑可塑。我们所有人都可以利用它发挥我们的优势。我们只需要学会怎样利用它。

　　你想在你的日常生活中变得更有创造力吗？你准备好"重新连接"你的大脑了吗？我们开始吧！

关于创造力的七个W

公元前2世纪，一位名叫**特姆诺斯·德·赫尔马戈拉斯**（Hermágoras de Temnos）的希腊修辞学家，制定了一个语言组织策略来帮助人们回答最重要的问题：何人，何事，何时，何地……20世纪中期，他的这个技巧被新闻业采用，并简化为五个W（由最初的英文单词who,what,when,where,why缩写而来），之后扩展为七个W——加入了怎样（how）和为了什么（for what）。我们用同样的问题来开始讨论创造力这个话题。

是什么

当我们说到创造力的时候，我们在谈论什么？你怎么看？你会怎样定义创造力？继续阅读之前，请你思考片刻。是的，这是我给你提的第一个问题，请你把答案写在这里：

_____

_____

_____

也许你和我一样，不仅没有得出答案，还有了更多的问题：有创造力和有想象力是一样的吗？创新和创造力是一回事吗？成为有创造力的人需要天赋吗？有不同类型的创造力吗？创造力和智力有什么关系？我有创造力吗？我们一点点来，让我们从头开始。

姑且先不谈文化或审美，从神经科学角度，创造力被定义为**一个大脑过程，它产出原创的、新颖的、不同的、突发的东西，而且这些东西对于一些人来讲是积极的且有价值的。**[1]我们来分解一下这个定义以强调所有重要的信息。

大脑过程

创造力是一个大脑过程。我们的大脑可以处理我们眼睛看到的事物，记忆乘法表，规划我们今天要做的事情；同样，大脑也可以创造和开发新的想法。正如我们之前所说，由于大脑的可塑性，我们的大脑每分每秒都在发生变化，因此有专门提高记忆力的练习，还有如何利用时间、提高效率的训练课程……因为这些确实有用。作为一种大脑过程，创造力也是"可以训练出来的"。本书的第四章会专门讲解这个问题。

原创性

我们继续看这个定义：创造力产生新颖的、不同的、原创的、突发的东西。这个"东西"可以是具体的一个物品（如一件衣服或一幅画），也可以是一个更抽象的"东西"（如一个想法）。像车轮、电灯、电话，这些伟大的发明背后有创造力吗？毫无疑问，有。那么一个能够解决复杂情况的新想法背后有创造力吗？是的，也有。

举一个古代的例子来帮助我们更好地理解。你听过"所罗门的决定"吗？《圣经》的《列王纪》讲述了两个女人如何在国王所罗门面前声称自己是同一个孩子的母亲的故事。所罗门命人取一把刀，把孩子分成两半，给她们每人一半。面对这样的决定，假的母亲一句话也没有说，真正的母亲却哀求国王把孩子给另外一个女人，但是请他不要杀死孩子。于是所罗门决定把孩子交给这位母亲，因为她的行为表现出她是真正的母亲。在这场争论中，国王用了一个有创造力的方法来辨别真相并做出公正的裁决。

判断力

有关创造力定义的最后一部分内容为，有创造力的东西必须是合适的、恰当的、积极的，并且对于一些人或者整个社会是有价值的。这里就需要判断力发挥作用了，而判断力是属于第三方的，因而就和创造者本人没有关系了。根据不同的作品或创意，决定这个价值的群体也是不同的。因此，应由艺术方面的专家来决定你的雕塑或者装置是否是"好的"且"有价值的"；应由美食专家来判定你的菜肴是高级的还是普通的；应由科学杂志审稿人来判断你的最新实验的价值。至于消费品，那么就由它所针对的人群来决定这些产品是否有价值。

心理学家奇克森特米哈伊·米哈伊（Mihály Csíkszentmihályi）说过，有创造力的想法或发明需要同时具备以下三个要素：提供创意的人、形成并接受创意的文化背景、证实这个创意价值的学科专家。[2]要实现对于一个产品或一项新发现的构想，以上三个要素必须要有一个汇合的空间。

卓越创造力和日常创造力

让我们运用创造力的定义来做判断，我们来举一些具体的例子。例如，你儿子今天早上刚画的画，具有创造力吗？它或许体现出了一些想象力。对于你来说，这幅画肯定是有价值的。但是，无论你作为长辈感到多么骄傲，它不符合创造力定义的最后一部分内容，即对于一部分人是好的或积极的。加油，还有时间，他可能会变成一个未来的毕加索。孩子的画就是一个日常创造力的例子。

再举一个例子：你刚刚回到家，家里的冰箱几乎是空的。但是，经过东拼西凑，你发明出了一道美味的菜肴，全家人都吃得特别香。这是原创吗？是的。它实用吗？是的。但是，再一次，这还是日常创造力，因为受益者很少……虽然他们很重要。

根据定义，卓越创造力意味着对一个大的群体有积极的影响。群体越大，越是卓越创造力。一个公司最新的广告可以被视为"有创造力的"，因为它是新颖的，能够赚钱而且能够让人们保住自己的工作。没有人怀疑供电或者下水道系统是伟大并有创造力的发明，因为它们改变了整个社会。化学武器，能够一下子就杀掉成千上万的人，它的发展影响到了许多人，但是，很明显，这不是积极的影响。

那些待实现的想法有被转变为卓越创造力的潜力。2020年夏天，多个中国和美国的研究团体发现，可以应用"基因剪刀"的原理［由2020年诺贝尔化学奖获奖者，埃玛纽埃勒·沙尔庞捷（Emmanuelle Charpentier）和珍妮弗·道德纳（Jenifer Doudna）提出］，把神经支持细胞（叫作"胶质细胞"）转化为神经元。在提出这个原理的时候，她们已经在小白鼠身上做过了实验，但是，如果这个原理能够应用于人类，它就能够彻底治疗像帕金森病或阿尔茨海默病这样的神经性退化病。在这里我们把它看作是最新颖、最伟大的创意。

艺术方面呢？艺术表达都是有创造力的吗？不是的，不是所有的音乐、雕塑、小说或诗歌都是有创造力的。从技术层面来看，有的艺术可能是非常好的，甚至是具有美感的，但是在现有基础上并没有任何新意。说到它对社会的价值，可能也会引起争论。有人会问，艺术表达是否为整个社会提供价值？讨论艺术的好坏就是陷入功利主义，就是把积极的或有价值的东西等同于"有用的"，就是把创造力限制在实用的发明上。乔治·梅里爱（Georges Méliés）的《月球旅行记》（Le voyage dans la lune）、巴赫的《平均律钢琴曲集》（The Well-Tempered

Clavier）、毕加索的《格尔尼卡》（Guernica）等诸多作品带来了社会变革、推动了文化进步，因此，毫无疑问这些应该被称为有卓越创造力的作品。

不要想着创造艺术，只管去做。让其他人决定它是好是坏，对它是爱是恨。在他们决定的同时，去创造更多的艺术。

——安迪·沃霍尔
（Andy Warhol）

怎样

怎样衡量一个想法的原创性？或者，更困难的是，怎样衡量一个想法的价值？很明显，客观评价创造力和衡量创造力都不是容易的事，但是，要科学地研究一门学科，两者都必须兼顾。人们为此开发了一些创造力测试。尽管这些测试都不是完美的，都有其局限性，却是帮助我们衡量创造力的一个合适的手段，因为它们都是标准化的。也就是说，这些测试使用了规范的量表来评分，并根据分数得出结论。

替代用途测试

这个测试是美国心理学家乔伊·保罗·吉尔福德（Joy Pawl Guilford）在1967年发明的，即通过在两分钟内想出一个日常生活用品（如一个咖啡杯、一把椅子或一个夹子）的所有可能用途来检验创造力。记下来一个人能够想出的用途数量（越多越好）、不同用途的类别数量（如用咖啡杯来放花和放笔是同一类用途，而用它给小矮人做帽子就是另一类用途），以及每个答案的原创性和详细说明。[3]

现在，请你选择身边的一件物品（一支圆珠笔、一个塑料瓶或任何一件东西），用"有创造力的"眼睛仔细地观察，并写下你能想到的所有用途。我们以塑料瓶为例，拿出计时器，你有两分钟时间，开始⋯⋯ 时间到！给你留了几行写字的地方，还有空白区域，如果你有灵感，也可以画出来或者随意涂鸦。

_____

_____

_____

_____

怎么样？根据以下参数记录下你的结果：

— 假设你写了9个答案，那么你将得到9分的流利度。

— 比如，其中3个答案是：用瓶子装水、可口可乐和茶；这3个答案都属于"作为容器使用"这一类（总共记1分）。另外6个答案都不同，比如分别是：用它打小偷的脑袋、做一个灯、做一个潜水艇玩具等（记6分）。你得到7分的灵活度。

— 现在选出你认为真正有创意的答案，给它加上原创性的分数（把瓶子变成小蜗牛的房子，毫无疑问要算在这里）。

— 把你所有的分数加在一起，得出一个总分：＿＿＿＿＿＿

如果你愿意，换一个物品再试一次。你已经知道了：你给出的答案越多，越能锻炼你的创造力。

不完整图形测试

另外一个更加视觉化的创造力测试是由心理学家埃利斯·保罗·托兰斯（Ellis Paul Torrance）发明的不完整图形测试，托兰斯把它作为创造力思维测试的一部分。这个挑战是用一个非常简单的形状画一幅画，补充一幅画或者组合不同的形状。

  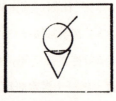

猜谜

其他类型的创造力测试都是基于猜测的。心理学家用它们来衡量人们解决问题的潜力。这里，自动的回答是不奏效的。

如果你读过托尔金（Tolkien）的《霍比特人》（*The Hobbit*），你会记得，有一次比尔博·巴金斯（Bilbo Baggins）问咕噜（Gollum）："一个没有铰链、钥匙或盖子的盒子，里面有黄金宝藏：会是什么呢？"请你认真思考答案。另外一些类型的猜测是以问题的方式提出的。比如：一个试图从塔中逃脱的囚犯，碰巧在他的牢

房中发现了一根绳子，它的长度是他安全到达地面所需距离的一半。即使这样，他还是把绳子分成了两段，把两段绑在了一起，然后逃脱了。他是怎样做的？在这一节的结尾你将会找到答案，但是我建议你自己开动脑筋寻找答案。

尽管这些标准化的测试在评估语言的、空间的和推理方面的创造力时很实用，但是也有局限性。这些测试撇开了我们在其他领域的创造力，如音乐或物理，也没有考虑到我们的个性、动机和创造时的情绪。虽然这样，这些测试仍然是一个巨大的进步，因为这让我们能够**量化创造力**，把**客观的**数字用于创造性的想法或东西上。这样就可以开始研究这些或高或低的数字是否与某些因素有关（比如：智力、性格、基因或文化特点），是否有某种训练（如第四章提到的）可以提高分数。

　　在这一节的最后，请你现在给出你今天的创造力水平。从0分到10分，你给自己打多少分？（0=我一点儿创造力也没有；5=我有平均水平的创造力；10=我有最强的创造力，无与伦比）写在这里。读完这本书之后，你将看到它是否有变化。

　　我今天的创造力：＿＿＿＿＿＿＿＿＿＿＿＿＿＿

什么时候

　　之前我们说过有创意的作品都有两面：作品本身的创造过程和作品带给公众的价值。因此，**时机**对于创造力来讲是至关重要的。有很多停滞在半路的创作项目的例子，它们的作者始终也没能看到公众的认可，更不用说成功了。他们走在了时代的前面：他们的社会、文化和科技背景都没有达到能够接受他们的画作或者发明的程度，然而这些作品都是真正意义上的原创，都意味着质的飞跃。

荷兰著名画家，凡·高（Van Gogh），就是一个例子。他出生在1853年，37岁时对着自己的胸部开枪自杀，结束了自己的生命。他是一个饱受折磨的人，有抑郁倾向，而且患有精神疾病。虽然他创作了两千多幅艺术作品，但是他活着时被看作疯子和失败者。几十年之后，由于他对野兽派和德国表现主义等其他风格代表画家的影响，他的价值才被发掘，他被誉为"疯癫的天才"。与他同时代的人没能欣赏他厚重而多彩的后印象派风格；但是，今天，他是西方艺术最受敬仰的画家之一。

一项先于自己时代的发明

我们找到另外一个例子，19世纪英国发明家查尔斯·巴贝奇（Charles Babbage）。他不仅是发明家，还是哲学家、工程师和数学家。因为发明了分析机，如今，他被称为现代计算机之父；虽然史蒂文·约翰逊（Steven Johnson）在《伟大创意的诞生》（*Where Good Ideas Come from*）中写道，巴贝奇更应该被称为第一台计算机的高祖父，因为计算机是在100多年之后才有的。[4]

巴贝奇用生命的最后几个月设计了一台机器，它可以完成任何一项交给它的编程任务。那时的科技水平还停留在仅

能制造出实现称重、计算等具体目标的机器上。他的朋友，数学家阿达·洛芙莱斯（Ada Lovelace），著名英国诗人拜伦（Byron）的独生女，是第一个给分析机写程序的人，她因此被称为历史上第一名程序员。这台分析机包含一个最初版本的计算机程序（通过卡片插入），一个随机存取存储器（Random Access Memory, RAM）和一个处理和执行命令的系统，我们现在把它叫作CPU。

　　这台1871年的机器就拥有一台计算机的三个关键部件。但是，它的设计是基于那个时代已知的科技的，所以，它有上千个机械齿轮和变速器，类似于自行车和蒸汽轮船。这台机器在很长一段时间内未被大众所知晓。巴贝奇设计了一台在一个世纪之后——电气时代——会改变世界的机器，因为他在其所在的那个时代缺乏必需的部件，就是能够快速传递信息的电路（以替代叮当作响的机械齿轮）。

　　在英国，发明家被看作狂人，以失望和贫穷而告终的例子数不胜数。在美国，发明家是光荣的，他们走在通向财富的捷径上。

　　　　　　　　　　　　——奥斯卡·王尔德（Oscar Wilde）

哪里

创造力在大脑的哪里发酵？最初，人文学科曾经讨论过创造力是怎样、在哪里产生的。在我们的时代，先进的科技让我们可以看见我们的大脑并测量大脑的活动。磁共振、PET（正电子发射断层显像）、脑电图或脑磁图这些技术允许我们在某个人做事情的时候研究他大脑的区域。之前我们只能够拍摄大脑活动瞬间的照片，而现在，当一个人躺在实验仪器中或者连接到仪器时，我们可以把大脑活动做成影片。这里必须提及，这些明显具有创造力的发明使人类社会实现了质的飞跃（在这里，我必须写下我对发明这些技术的伟大的物理学家和数学家的永恒的感激之情）。

当人躺在实验仪器里的时候，我们会通过让他做一个创造性的任务来定位大脑的哪个区域在活动。我们会给他做一些之前提到过的测试（例如：你能够想到一块砖的多少种用途），或者，我们会让他在脑中想象五线谱来创作一段音乐（放心，我们只会向音乐家提这个要求）。通过这些技术和极其复杂的计算机程序——这些程序基于更加复杂的数学或物理原则（当说复杂的时候，我丝毫没有夸张），我们能够看到测试期间人们在使用的大脑区域。怎样知道哪个区域在活动？神经元依靠氧气和葡萄糖来生存，因此，神经元活动的时候比休息时消耗更多的氧气和葡萄糖。通过这样的加加减减，就得出了我们在

出版物上看到的彩色脑图。

　　通过这类研究，我们得知，在创造过程中，不是大脑的某一个区域"被点亮"，而是分散于整个大脑中的不同区域都在活动。我们的大脑之所以会思考要归功于一起活动的神经元，是它们创建了大脑网络，在后面的章节中我们将详细探讨。语言、空间、音乐创造的大脑网络是不同的，但是它们有一个共同的联系。可能你正在创作一首歌、画一张草图或写一首诗，不论在任何一种情况下，有一个区域肯定在最大限度地运作。如果现在你触摸你的额头，头骨的另一侧就是前额叶皮层。这就是创造过程的操作中心。[5]我们将会在第二章再详细介绍这个区域。

为什么

为什么会出现创造力？创造力来自一个问题，在现有事物中找不到答案的问题。无论你在书籍、谷歌浏览器还是博物馆……搜索再多，你也找不到你要寻找的答案。如果这个问题对你来说足够重要，回答这个问题将变成你创造力的"发射器"。对于一名作家来说，他要探索的问题或他的需求是讲述故事；对于一个天文学家来说，是无垠的宇宙；对于生物学家来说，是生命的源头……对于我来说，有关本书的创作动力的问题是：创造力在大脑中是如何产生的？如何激发创造力？但是，事实上，当人们面对更出人意料的问题时，创造力也可能出现。例如，画家李莫特（Lui Mort）说过，每次他坐在一张白纸面前，都会回荡在他大脑中的一个问题是：人类所有的情绪反应中，哭泣难道不是最神奇、最奇怪的吗？[6]

对于每个问题，人们都会寻找最合适的表达渠道。如果你的问题与情感有关，很有可能你会通过艺术来表达；反之，如果你的问题与日常生活相关，你会通过手工、科技和工程设计来表达。如果你想根除新型冠状病毒，你会关注生物学和免疫系统。

当你全身心投入一项创造性的工作中时，你是否感到注意力特别集中，这个过程吸引住了你，周围的世界好像已经暗淡无光，不知不觉就过了好几个小时［心理学家把这叫作心流

（flow）〕。创作期间，你的生活特别充实、多姿多彩，而且你感到前所未有地充满活力，甚至更加有人情味。即使最后你没有成功，没有取得世界的认可（这个过程本来就很棒，为什么不说出来），你仍然因为这个过程中的享受和学习感到满意。这就是创造力迷人且矛盾的地方：它如此内化，让我们更了解内心深处的自己；它又如此外化，将我们前所未有地和他人联系起来。

如果你做的事情让你兴奋，你就是在创造。如果没有，你只是在服从。

——圣地亚哥·潘多（Santiago Pando）
记录片《相信就是创造》（*Creer es crear*）导演

为了什么

创造力有什么用？一个简单但正确的答案是：为了生存；甚至是为了更好地生存。心理学家奇克森特米哈伊·米哈伊把创造力定义为：改善我们的社会，并将其与我们身处的生物界相提并论的力量。[7]从地球上最初出现的单细胞生物到灵长类动物，物种的演变意味着自然选择和生存。正如达尔文（Darwin）发现的那样，进化基于很小的基因变化，这些基因变化引起质变（如更长的脖子、更硬的嘴巴或更具流线型的尾巴），这些质变让器官更好地适应环境。进化产生新的并有价值的东西。听起来熟悉吗？你是否真的记得创造力的定义？在自然界中有许许多多进化的例子改善了物种的适应能力，可以说创造力对人类起着类似的作用。因为创造力改善了智人的复原力，这正是当下推动我们的社会和文化进步的力量。

我们的世界需要有创造性的解决方案。即使是在今天，根据世界卫生组织统计，全球人口的10%，也就是超过7亿人（我再说一遍，超过7亿人！）生活在极度贫困之中。精神疾病（抑郁症、焦虑症等）和年轻人自杀率在近几十年中呈指数级不停增长。气候变化影响着我们的地球，如果我们不及时行动起来，在不远的将来（我们讲的是几十年之后，不是几个世纪）数百万人将经历热浪袭击。加上新型冠状病毒的侵害，人类可能会面临第二次世界大战后人类历史上最大的挑战，我们的未来越发堪忧。看看我们的周围，我们非常想念那些提倡行之有效且富有创意的解决方案的领导者。在政治领域我们需要创造力，在社会、经济、科学、医疗、科技等许多领域都需要创造力。

生活节奏飞快，需要创造性思维来解决大问题和日常生活中的小问题。为了应对新冠疫情而不得不进行的隔离就是一个影响到日常生活小问题的一个大问题。隔离期间，我们看到普通民众成千上万的创造性举措：从WhatsApp[①]上逗人发笑的表情包和信息，到如何在20平方米内陪孩子开心玩耍的帖子和短视频，从团结互助的社区群体到其他许许多多类似的组织。"微观"层面上，创造力是一种有用的能力，能够帮助人们解决日常生活中方方面面的问题：从如何应付难缠的同事到如何装饰你的房间或最大限度地利用你的衣柜。但归根结底，创造力让我们的生活更充实、有趣、令人振奋……总之，更"生活"。

什么人

这是我们要回答的最后一个问题，也是最重要的问题之一。谁是有创造力的？不久前，人们还一直认为创造力是人类与其他动物的区别。然而，如今我们知道灵长类动物在遇到问题时能够学习使用工具并展示出创造能力。

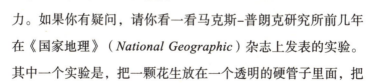

如果你有疑问，请你看一看马克斯-普朗克研究所前几年在《国家地理》（*National Geographic*）杂志上发表的实验。其中一个实验是，把一颗花生放在一个透明的硬管子里面，把

---

① 一款用于智能手机之间通信的应用程序。——编者注

它给一只猴子。这只猴子尝试把手伸进去，但是够不到，因为放不进去；就这样在笼子里搓手顿足过了10分钟，之后它有了一个主意：它走到附近的一个水源，嘴里灌满水，之后把水装进管子里。这样重复了好多次直到把管子装满水，花生浮到水面上，它一口吃掉了它的"奖品"。对于一只猴子来讲，这不错吧？实际上，这个解决方法十分有创意。在另一个实验中，猴子身边没有水源，于是它决定往管子里小便好让自己能够得到花生。这就是利用资源！如果动物的这些行为凌驾于人类的创造力之上，一些机器做的事情也值得我们深思。我们在结语中将会说到这个问题，现在先回到人类的创造力上，这才是先要讨论的话题。

中世纪时，人们认为创造力专属于那些能够接收到神明启发的天选之人。文艺复兴时期，创造力开始接近普通人，但是仍然掌握在那些能够接触到艺术、哲学和数学的少数天才手中。工业革命时期，创造力涌现在机器生产上，还有改变城市和乡村生活的科技上。

如今，创造力主要围绕在艺术家和广告公司所谓的"创意"之上。但是，创造力并不是某一行业的"专有财产"。当然，雕塑家、画家、作家、音乐家、设计者或建筑师每天都在发挥他们的创造力；但是，公司总监、厨师、运动员、医生或老师同样需要创造力来更好地完成工作（更不用说父亲或母亲了！）。一名能够让30个孩子都认真听讲的老师也是有创造力的，一个增加年度销售额的人、一个用废品制作袋子的人、一个组建社团帮助邻居的人，都是一样具有创造力。综上所述，新颖的、对集体有益的就是有创造力的。

那么，我们所有人都有创造力吗

科学证明，创造性思维是每个人固有的，它依赖大脑的认知过程。因此只要我们有人类的大脑，我们就有潜力发挥创造力，就有创造的能力，就和我们拥有口头沟通和自己行动的能力一样。

那么，我们所有人都有创造力吗？目前，答案是否定的。并不是所有人都有创造力，虽然每个人都有这样的可能性。从小我们就有想象力，我们玩耍并不断地追问事情的起因。但是，我们也看到了时间是怎样减弱我们的创造力的——也许在你身上就发生过。虽然你有更多的知识和经验，因此更有可能成为有创造力的人，但是在成长的路上，你失去了好奇心或者失去了提问的意愿。有可能是因为匆忙、恐惧或者为了适应周围的世界；无论什么原因，事实是你的创造力处于低迷状态（恭喜你！因为阅读这本书是你改变现状的第一步）。也许你已经注意到了创造力是多么有价值，也许你正从忙碌的日程中为它腾出时间：找时间做手工、写作、弹钢琴或者阅读这本书……也许你在自己的领域是有创造力的，但是你也想在其他领域有创造力，你想学习更多（因为总是可以学到更多！）。

无论你是哪种情况，这对于你来说都很重要：神经科学表明创造力是可以拓展和增强的。[8]我们会在接下来的章节中陆续地详细说明该怎样做。

每个有创意的成年人，都是幸存下来的孩子。

——厄修拉·勒古恩（Ursula Le Guin）

一点儿历史

第一个创造过程模型

1926年，来自英国海滨小镇的心理学家和教育家，格雷厄姆·华莱斯（Graham Wallas），出版了《思考的艺术》（*The Art of Thought*）。在书中，他描绘了第一个完整的创造过程模型，开创了历史，而且至今有效。华莱斯把整个过程分成四个阶段。第一阶段是准备。这是从各个角度调查问题、收集信息和提出问题的阶段。第二个阶段叫作孵化，这是往后退一步，问题退到后台，你有意识地不去思考它。第三个阶段是启发，其他人把这叫作顿悟，这是出现奇思妙想的阶段。此时，灵光乍现！虽然有时只发生在一分钟之内，很明显，需要用时间来"烹制"。创作的第四个也是最后一个阶段是验证，此时要测试、评估、实施，从而把这个想法推向世界。

大约一个世纪之后，这个创作模型依然有效。当代人具备的优势是运用神经科学发现了在每个阶段大脑中发生了什么，我们可以怎样改善这些过程。

智力和创造力

也许你问过自己很多次，创造力是否与智力有关系。乔伊·保罗·吉尔福德因解决这个问题而被载入史册（另外，他还设计了我们在上文提到的替代用途测试）。吉尔福德发现，常规的智力测试并不能评估人类智能所有的维度，只能基本上评估收敛性思维。在下面的测试中你可以看到一些问题的例子：

1. 补充以下数列：2，4，6……

（这是一个偶数数列：答案是8）

2. 书是用来读的，叉子是用来……

（这是类比：答案是吃）

3. 下一个图案是什么？三角形、矩形、五边形……

（以递进的方式，再加上一个角：答案是六边形）

如你所见，这是找到问题的"标准"答案，即找到把事物关联起来的逻辑规则。答案是固定的：要么你写下人们在寻找的答案，要么你的分数就会非常低。

吉尔福德是第一个发现有创造力的人在这类智力测试中得分会很低的人，因为有创造力的人以非常不同的方式看待这些问题，他们能给出许许多多与"标准"答案不同的回答。比如，上面测试的第二题，一个有创意的人也许会回答"雕刻"或"装饰"，因为他把叉子看作一个可以被用来做雕塑或首饰的物品。实际上，这甚至是他想到的第一个答案，都没有想到"吃"这个选项。这位美国心理学家把这种智力叫作发散性思维。

发散性思维意味着一个人在遇到一个问题时，从所有可能的角度思考所有可能的解决方法。这类思维的水平用替代用途测试来衡量（你记得你之前思考过的用一个瓶子能够做的所有事情吗），通过头脑风暴来加强。吉尔福德把发散性思维和创造力联系到一起，不是在学术上，而是在现实生活中成功地把两者关联起来。1950年，他给美国心理学家协会开了一场讲座，解释人的一些特征，比如自信、头脑的灵活性、关联不同想法的能力和情绪状态，是怎样加强创造力的。这个讲座也开创了历史，他甚至引入了当前最新的理论，创造力是动态的，可以通过其他因素改变。[9]

我们之前提到过的美国心理学家、教育家埃利斯·保罗·托兰斯研究过吉尔福德的理论，托兰斯被称为现代创造力之父。上文我们讲到如何测量创造力的问题时，其中的一些测试是他发明的。激发他进行创造的问题恰恰是：如何通过改善学校教育来提高学生创造力。如果存在能够测量智力的测试（至少，测量智力的一部分，如之前吉尔福德说过的），为什么不量化一下创造力呢？托兰斯知道在研究美国教育系统和创建增强创造力的项目之前，需要准确地测量创造力。

与吉尔福德一样，托兰斯把智力和创造力分开。托兰斯发现，许多在学校里不是很突出的学生，反而有很成功的工作和人生。他主要的猜想是，成为有创造力的人只需要一点点智力，但是，过了这个门槛，创造力就与智力无关了。根据他的理论，有的人很聪明却没有创造力，有的人智力一般，却有很强的创造力（这叫作阈值假设）。

水平思维

爱德华·德博诺（Edward de Bono）1933年出生在马耳他。他是一名医生，但是40多年前，他开始转行写作和教人思考。他创造了许多用创造力解决复杂问题的技巧，并担任世界各地的领导人和企业家的顾问。他在其著作《水平思维的运用》（*El uso del pensamiento lateral*）中提出了水平思维一词。这种思维方式在于不墨守成规，而是挑战先入为主的想法，超越常规，跳出"思维框架"。爱德华·德博诺提出，我们有"开放的围栏"阻碍我们看到问题的不同解决方法。例如，如果你的车在路上坏了，你会想打出租车回家，因为你习惯性坐车走这段路。你甚至看不到离你只有几米远的地铁站和公交车站，这些也能解决问题。爱德华·德博诺建议后退一步，把先入为主的想法从头脑中清除，再用崭新的眼光来看问题，就能找到最好的答案。很多时候，解决办法就在身边，但是我们看不到，因为我们都太按部就班了。

对于前文讲过的"囚犯逃脱谜题"，只有用水平思维才能找到答案。我们说过绳子太短，无法到达地面，我们开始寻找系绳子的办法，如在塔上寻找把手、翻跟头……这样一直循环，反反复复直到囚犯老去。答案不在那里。是的，在坚持这种思维方式之后（这叫作垂直思维），你站起来，喝点水，此时你再想一根绳子……你可能注意到绳子的头松散成了好几股。线索就在这里……这能指引你从另一个方向去思考并找到解决方法。

总之，在日常生活中，我们不断地使用收敛性思维和发散性思维。站在冰箱前，你想晚饭做什么，你想到几个菜谱（发散性思维），之后，使用收敛性思维，做出最佳选择。两者都是必要的，是互补的。在任何一个创造性项目中，我们都要使用这两种思维方式，尤其是在准备阶段（这里，我们将尽可能地进行头脑风暴）和最后一个实施阶段（用收敛性思维），因为会不断出现需要解决的问题。水平思维帮助我们产生这种"灵光乍现"的想法，我们在日常生活中往往没有充分利用它，因为我们安于常规，总是用同样的方式做事情，没有进一步探索，甚至彻底转换方向。

创造力意味着打破常规，以不同的方式看问题。

——爱德华·德博诺

参考文献

1. De Souza, LC et al. «Frontal lobe neurology and the creative mind». *Frontiers in Psychology*. 2014; 5 julio: 1-21.

2. Csíkszentmihályi, M. *Creatividad: el fluir y la psicología del descubrimiento y de la invención*. Barcelona: Paidós; 1998.

3. Guilford, JP. The Nature of Human Intelligence. Nueva York: McGraw-Hill; 1967 (existe traducción: *La naturaleza de la inteligencia humana*. Barcelona: Paidós; 1986).

4. Johnson, S. *Las buenas ideas. Una historia natural de la innovación*. Madrid: Turner; 2011.

5. Boccia, M. et al. «Where do bright ideas occur in our brain? Meta-analytic evidence from neuroimaging studies of domain-specific creativity». *Frontiers in Psychology*. 2015.

6. García, M. «El derecho a ser pesimista». Yorokobu, 26/10/2020.

7. Csikszentmihalyi, M. Op. cit.

8. Scott, G et al. «The effectiveness of creativity training: A quantitative review». *Creativity Research Journal*. 2004; 16: 361-88.

9. Guilford, JP. «Creativity». *American Psychologist*. 1950; 5: 444-54.

第一章
神话

究竟是缪斯的启发，还是大脑的过程

左撇子更有创造力吗

疯癫和创造力之间有关系吗

创造力是天生的，还是后天培养的

古时候人们认为创造力有魔力的特质，几个世纪以来，一直被赋予神话寓言的色彩，这也不奇怪。在第一章我们将借助更现代的神经科学戳穿神话的谎言。我们将看到缪斯就住在我们的大脑里面，住在大脑网络之间，它时而活动时而休息从而产生创造过程。左撇子和右撇子有同样的创造潜力，两只手都能用的人可能有一些优势。我们将深入讨论疯癫和创造力之间的关系，来看看这是否有科学依据。当你读完本章之后，我希望你确信，作为人类，你有创造的潜力。

究竟是缪斯的启发，还是大脑的过程

传说锡拉丘兹（位于西西里岛）国王希罗（Hierón）早在公元前250年就买了一顶黄金王冠，他请阿基米德（Arquimedes）——当时著名的数学家、物理学家和天文学家——来验证事实是否和卖家说的一样（和他们收的钱相配），即这个王冠真的是纯金的。阿基米德翻来覆去地思考这个问题，日复一日，找不到答案给国王。据说，一日当时他正在舒舒服服地洗澡，突然，想到了解决办法。于是他满怀激情地（以至于忘了穿衣服），跑到街上，沿着当时的麦格纳格雷

西亚市的街道，开始大喊："我找到了！"

可能我们都有过与阿基米德类似的经历，虽然我们没有发明任何带有我们名字的东西。有时会出现一些看起来无论我们再怎么想破脑袋也无法解决的问题，但是，当我们在做一些毫无关系的事情时，脑子里会出乎意料地出现了想要的答案。这种灵光乍现的时刻神奇到无法解释，在古代创意甚至被认为是被"神风"吹来的。在古代不同的文化中，衍生了这样的想法，认为这个"神风"来自阿波罗的缪斯，后来认为是来自罗马诸神。这些想法一直持续在当今的时代里，有许多著名艺术家、作家、音乐家寻找缪斯的故事。她通常是女性的形象，仅仅欣赏她的美丽就意味着灵感与神接近。

缪斯的确存在，但需要努力才能找到。

——巴勃罗·毕加索（Pablo Picasso）

如今我们知道缪斯住在"上面"，但不是云上，而是在我们的大脑中。为了成为有创造力的人，必须唤醒她、倾听她并调动她，正如我们将在这本书中看到的一样。最近几十年的神经科学发现给我们指明了道路，而且明确了创造过程几个基本步骤。

引言中我们说过，创造过程的发动机是一个问题，或者是一个改变的需求，抑或是对"现有的东西"的**不满意**。甚至可以说一切创新都以反对规定和既有事物的某种逆反而开始。我们感到一种内部的力量推动我们去寻找新的东西，以提供一些有价值的东西给世界。你想象一下轮子的发明者（很有可能是有史以来最好的发明）：他肯定是疲于用肢体从一头到另一头地搬运东西；想想毕加索：他需要表达他的愤怒和悲伤，他把这些画到了《格尔尼卡》中。我们都知道没有一项发明或者一个艺术作品是一夜之间出现的。创造的过程经过华莱斯提到的所有阶段：准备、孵化、启发和验证（抱歉，恐怕没有捷径）。[1]

启发

得益于功能性神经影像学和现代神经生理学技术（如脑磁图和脑电图），我们知道被称为默认网络（default network）的大脑网络在孵化和启发阶段起着主导作用。在深入了解这个网络的特点之前，让我们看看大脑网络到底是什么样的。你坐过地铁吗？你肯定坐过，所以你知道有些车站是多条不同的线路交会处，因此这些车站每天接送成千上万名乘客。在我们的大脑中有类似的东西，它们叫作神经中枢或网络，它们是大脑各个部位互相连接的神经元群。大脑网络由分散在整个大脑中的许许多多的枢纽组成。当其中一个活动时，在几毫秒内，整个网络都开始活动，作为一个功能单元开始运作。

默认网络活动时，大脑开始从一个想法跳到另一个想法。你醒着做梦，想象着一些情景，想起一些经验。归根结底，你沉浸在自己的世界中。因此它也叫作"内向网络""遐想网络"或"冥想网络"。在你洗澡、散步、向窗外看或者当你在做一些不需要集中注意力的相对自动的事情时，它都会被激活。很多时候，当我们从中脱离时，我们注意不到我们激活了这个网络。电话响了，或有人在跟我们讲话；我们看看表，然后想："已经5：30了？不可能！我刚刚坐下来！但是，上个小时发生了什么？"我们无法解释在过去的一个小时我们的大脑在哪里，因为你在游离，从这里到那里，从一个想法到另一个想法。大多数时候，这些想法都不太重要，但是其他的时候……对，其他时候！正是在这种状态下，你能够解决你遇到的难题，或者突然你想到一个"我找到了！"的主意。

执行

继续看创造过程。假设我们已经启动了默认网络，我们已经有了好几个想法，其中一个比较好，一个特别好，一个有点儿创意。下一步是塑造这个想法。在这个创造过程参与其中的是另一个大脑网络，执行网络，这样叫是因为它负责"执行"想法。它具备我们把一个想法从大脑转换到现实中需要的所有功能：注意力、规划和工作记忆。当你要提交本科毕业论文、完成研究计划或结束产品的营销活动时，启动的就是这个大脑网络。因此它也叫作"外向型网络"，因为它处理外部的需求。现在你已经不在我们之前提到过的"自己的世界"里了，而是尝试把在内部"烹饪"的东西倒到外面。

从冥想到执行的关键

默认网络和执行网络它们两个是相反的，它们从不同时"在线"。其中一个活动时，另一个在后台休息，反之亦然。今天早上，我去看我种的向日葵，它终于发芽了，我突然想到了一个例子来解释一个概念，之后我讲给大家听。此时我的默认网络是打开的，并且产生了灵感。反之，我在写这件事的时候，是我的执行网络在活动，我的默认网络是关闭的。

大脑怎样进行这样的转换？给你几秒钟来想一下……对了！通过另一个大脑网络。大脑是通过大脑网络系统而不断运行的。第三个网络叫作显著网络，它负责选择每个时刻最重要的东西，它像是一个开关，根据不同情况打开默认网络，关闭执行网络，或者相反。

行动中的网络

我们举个例子来看一看这几个网络是怎样相互作用的。想象一下，你正在做饭，这对你来说是件很简单的事情，不需要太多注意力。于是你陷入了沉思，突然，锅里的油糊了。烟味和锅里冒出的黑烟把你"叫醒"。此时，你的显著网络迅速地关闭默认网络（白日梦）并打开执行网络。在厨房被大火吞没之前，你开始灭火，并且尽可能地不惊动消防员，他们已经很忙了。

你应该感觉到了，创造力和我们提出的这种家庭事件不会完全一样，因为创造不是一个这么有条理、有顺序的过程，但是遵循着同一个开启和关闭大脑网络的原则。在一个有创造力的早晨，想法的产生由默认网络开启，想法的塑造由执行网络开启，它们不断地交织在一起，在不经意间从一个网络切换到另一个网络。这是通过网络之间的灵活性和接口的效力性实现的（显著网络）。

　　或许你在想缪斯在这整个过程中起到了什么作用。我希望已经让你相信，创造力是自发的大脑过程（想象力，让大脑毫无方向地游离等）和需要很多控制的（规划、注意等）认知过程之间非常有效的操作的结果。缪斯是否会起作用取决于我们是否了解我们的大脑网络，是否会调动它们，正如本书第四章会讲到的那样。

　　想象是创造的开始。想象你想要的，渴望你想象的，最终，你就能创造你渴望的。

　　　　　　　　　　　　　　——萧伯纳（George Bernard Shaw）

左撇子更有创造力吗

答案是否定的。到这里这一章就可以结束了，但是我知道这个问题需要更多的解释。在谷歌中搜索"左撇子"，立刻会出现许多非专业的杂志文章写着它与创造力的关联。这个神话从何而来？

左撇子更有创造力这个话题已经在许多的广播和电视节目中被报道过，已经和大众的想法融为一体。像左撇子的艺术家有非凡的创造力这样的故事不在少数，比如：米格尔·安赫尔（Migued Ángel）、图卢兹·罗特列克（Toulouse-Lautrec）、劳尔·杜飞（Raoul Dufy）、保罗·克利（Paul Klee）、莫里茨·科内利斯·埃舍尔（M.C.Escher）、大卫·鲍伊（David Bowie）、保罗·麦卡特尼（Paul McCartney）。据说列奥纳多·达·芬奇（Leonardo da Vinci），也许是历史上最有创造力的人，是个左撇子。这个想法已经非常根深蒂固，以至于人们把不是左撇子的人硬说成左撇子，如毕加索和凡·高（是的，你去网上查一下：更神奇）。但是不仅在艺术上，在其他自由和创造性的职业中也是，比如建筑业，据说有更多左撇子。运动员中也是，尤其是在足球运动员中，左撇子作为富有创造力和起到决定性作用的健将脱颖而出，如里维利诺（Rivellino）、马拉多纳（Maradona）和梅西（Messi）。

那些推崇左撇子在创造力方面更优越的人断定，左撇子在天才中占有很大的比例。但是，他们的数据并不是基于严格的统计，主要是因为没有关于创造力人群的"流行病学数据统计"，更不用说他们的左右手问题了。然而，经过人们在书籍、文章、博客、网页和社交网络上对这一观点不断重复，左撇子更有创造力的这个民间说法延续至今。

19世纪的一个"假消息"

这个"假消息"从哪里来？为了找到答案，我们必须穿越到19世纪。正是在19世纪，大脑开始成为当时（英国和法国）最先进的医学院的科学研究的对象。随着颅相学的发展，大脑的二元性理论得到了巩固。如果现在你摸你的头，在头中间画一条线，下面有一个凹槽把大脑分成两部分：左脑和右脑。1844年，一位叫维根（Wigan）的英国医生在著名杂志（至今依然著名）《柳叶刀》[2]（The Lancet）上发表了一篇题为《思维的二元性》（On the Duality of the Mind）的文章。他认为人的左右脑是独立运作的，其中左脑是主导脑。1861年，法国外科医生保罗·布罗卡（Paul Broca）发现的语言中心验证了这一理论。保罗·布罗卡研究了失去口头沟通能力的病人，他发现他们的病变都出在左脑。19世纪的这个发现突出了左脑的作用，它被叫作主导脑，因为它负责口头语言，还有分析、实用和逻辑思维。

另外，研究员让·玛丽·沙尔科（Jean-Marie Charcot）和皮埃尔·珍妮特（Pierre Janet）将右脑与精神疾病联系起来。这两位神经科医生治疗因"癔症"或"神经症"引起麻痹癫痫或抽搐的妇女，并将右脑与这种"疯癫"关联起来（幸运的是，癔症现在被认为是一种功能性神经系统疾病，它与疯癫无关）。尽管右脑被描述为空间视觉、情绪管理、想象力、直觉的控制中心，也是我们现在谈论的话题——创造力——的控制中心，但是它已经退居幕后。因为这些认知功能被认为属于"第二等"。

给你讲这些，是因为左撇子更有创造力的神话是源于这个大脑的二元性。右撇子的主导脑是左脑，而左撇子，之前人们一直认为他们的主导脑是右脑（如今我们知道并不是这样），因为创造力位于右脑中，通过数学逻辑和传递规律推断……左撇子右脑用得更多，因此更有创造力。如此简单，如此虚假。然而，两个世纪前的这些理论造成了误导。

大脑就像一颗核桃

现在我们知道，大多数左撇子的右脑只是在原动水平上是主导脑，因为他们的语言中心（保罗·布罗卡发现的区域）在左脑，和其他的两只手都能用的人一模一样。就算仅以一个人在数学的天赋为评判标准，我们也无法找到证据来支撑左撇子更有创造力这个理论。我的建议是任何关于大脑的简单陈述，你都要去怀疑，因为大脑不是简单的东西。

　　我们来看看沙尔科和她的同事教了我们什么。确实在解剖学上大脑被分成两部分：右脑，控制左边的（相反的）运动和感觉；而左脑控制右边的身体。现在我希望你试着观察一个核桃，或者，如果你身边就有，请把它拿起来。这样的类比会帮助我们理解我们的中枢神经系统是怎样组成的。核桃壳就是头骨，核桃仁是大脑。如果你触摸核桃仁或者近距离观察它，你会看到一个很大的凹槽把它从中间分成两部分。我们的大脑也是这样被分成两个半球：左脑和右脑。如果你继续观察核桃仁，你能看到许多更小的凹槽。大脑也是这样被分成好几个部分。有四个叶：额叶、颞叶、顶叶和枕叶（如同我们看到的核桃仁一样，有许多凹槽）。

　　这些解剖学意义上的部位让我们理解大脑的组成，但是这些部位不是独立运作的密封舱。然而19世纪的颅相学至今仍然影响着我们。

左撇子潮流

最近几十年，传统上属于右脑的那些"第二等"特点开始被人们推崇。直觉、非口语沟通和创造力得到了重视，被给予很高的价值。由此，我们看到了左撇子怎样从一个自然的错误变成一个珍贵的特质。

在许多传统中，人们认为左手比右手低级，甚于把左手和厄运联系在一起。不同语言称呼手的词语证明了这种偏见。右被叫作：right（英语）、rechts（德语）、pravda（俄语）、droit（法语），这些词都与正直、端正、真实或正义有关。在斗牛的世界，人们通常管斗牛士叫"右撇子"，这很令人好奇，我想也有左撇子斗牛士，所以把他们叫作"右撇子"多少有点矛盾。总之，我们还是继续看语言给我们的启示。左被叫作：sinistra（意大利语）、left（英语）、gauche（法语），

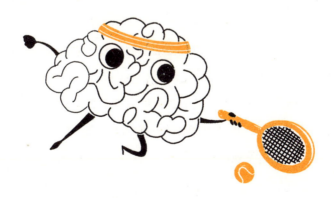

这些词传统上都与邪恶、阴险、可疑或粗俗有关。在某些文化中，左手甚至可以驱魔，直到几十年前，在学校和在家里左撇子还被强迫换手写字。

然而，现在人们甚至引导一些运动员使用左手以拥有更多的优势。网球运动员拉菲尔·纳达尔（Rafael Nadal）就是一个例子，因为他的教练把他从右撇子变成了左撇子。

但是我们不要跑题。在推翻颅相学、大脑二元性和艺术界中有许多左撇子的故事之后，我们要停留在那些我们无法忽视的数据前。确实存在一些可信的数据把左撇子和创造力联系起来。比如，从第二次世界大战到今天，13位美国总统中的6位是左撇子。据估计，所有人口中有10%是左撇子，因此，左撇子美国总统的这个百分比（不低于46%）是非常惊人的。正如神经科学家艾克纳恩·戈德堡（Elkhonon Goldberg）指出的一样，这些偶然发生的事情的概率是极小的（$P<0.00092$）。[3]另外一个解释是，成为世界上最强大的国家之一的领导人这样罕见的事情在左撇子中是很常见的。难道左撇子更有创造力？甚至更聪明？我们有把左撇子和更强的创造力联系起来的实验室数据。神经心理学家斯坦利·科伦（Stanley Coren）做过一些实验，他表明左撇子的男人比右撇子的男人更有发散性思维（你记得那个从不同的角度产生很多主意的那个点吗？），但是在女人身上并没有发现这些差别。[4]

两只手都用的人和创造力

我将详细讲述左撇子
的演变，从而帮助读者更好
地理解引言提到过的发现。
从尼安德特人时期就有左撇
子。很有可能有遗传的成
分，因为我们看到一种家族
的趋势。哪只手成为主导手
是在一个人的童年时期（2到

4岁）决定的。有一些孩子，刚开始接触物品和探索他周围的
世界时，立刻就展现出对某只手的偏爱，而其他一些孩子则在
更晚的时候显示出哪只手将成为主导手。有一些关于偏向性的
研究表示，这类左撇子的孩子刚开始没有明确的用手偏向性。[5]
其中表明，实际上孩子们是使用双手的，但是最后偶然地选择
了一只主导手，因此，选择左手还是右手是个概率问题。这个
理论表明，大部分的左撇子实际上是会使用两只手的，只是最
后选择了左手。他们中的许多人一直保持着两只手的灵活性和
操作能力。

两只手都用的人一样会轮流使用左脑和右脑，这也许让他
们在创造力上更有优势。右撇子或左撇子只使用一侧的大脑，
然而，两只手都用的人，他们两侧大脑轮换使用。我们推断这

可能给了他们更厉害的关联能力以及大脑不同区域之间更大的灵活性。也许你已经猜到了，认知灵活性和把事物关联在一起的能力是创造力的基本要素，我们将在后面讲到。因此，关于许多左撇子实际上都是两只手都会用的人这种现代理论与神经科学不谋而合，并且向我们解释了为什么一些数据显示左撇子和创造力之间存在某些关联。

为了打破左撇子和创造力的神话，忍不住分享一个来自图表资料的真实数据：达·芬奇和米格尔·安赫尔是两只手都会用的人。就说到这里。

左撇子是值得敬佩的：他们选择了其他人觉得用起来不太方便的那只手。

——维克多·雨果（Victor Hugo）

疯癫和创造力之间有关系吗

当我们想到某个典型的有创造力的人时，我们脑海里常常随之而来的是一个受尽折磨的天才形象，这个人头发蓬乱、邋里邋遢、讲话时好像刚刚打完镇静剂（或刚刚喝了几杯酒），不然，他就会焦躁不安、不停地从房间一头走到另一头，嘴里在快速地讲话，手里还在不停地比比画画。

自古希腊以来，认为创造力与精神疾病、痛苦、自杀、过量饮酒、吸毒或性行为相关的这种信念就已经在我们的社会中根深蒂固。那时，亚里士多德就想知道为什么哲学、政治、诗歌和艺术界的知名人士都会受到"黑胆汁"疾病的影响。在古希腊医学传统中，疾病被解释为四种基本流体（体液）之间的不平衡，黑胆汁过量与忧郁倾向的性格有关。

19世纪，精神病学取得了重大发展，多项科学研究也被发表出来，这些研究把天赋和疯癫联系在一起（想想我们之前讲到左撇子时提到的沙尔科和珍妮特发现的癔症的联系）。随之而来的是沉默，直到1980年，科学家才开始对创造力与精神疾病之间的联系进行严肃的研究。关于这个话题现代神经科学家说了什么？好吧，有证据表明，一些精神疾病，如抑郁症和焦虑症，会降低创造潜力。相反，分裂症、精神分裂症、双相情感障碍和注意力缺陷障碍似乎确实与更强的创造力有关。我们把焦点集中在这几个精神疾病上，因为它们会告诉我们许多关于创造过程的知识。

神奇的大脑

精神分裂症的特征是患有精神病的人在视力或听力上产生了幻觉，他们对现实的看法因而被改变了。罗素·克劳（Russell Crowe）在《美丽心灵》（*A Beautiful Mind*）中饰演的美国数学家约翰·福布斯·纳什（John Forbes Nash）患有精神分裂症。这部电影以一种辛酸而现实的方式描述了纳什的大脑如何以全新的方式解决数学问题。另一个精神分裂症天才的例子是瓦斯拉夫·尼金斯基（Vaslav Nijinsky），他是20世纪初一位年轻的俄罗斯舞蹈家和编舞，被称为舞台上的世界第八大奇迹。和纳什一样，尼金斯基的职业生涯也因精神分裂症而中断。

双相情感障碍是与更强的创造力有关的另一种精神疾病。它的特点是情绪波动大和情绪变化不稳定。头一天我们精神十足、生气勃勃，第二天却有可能心灰意懒、度日如年，只期待着假期早日到来。我们都知道这种第一天过得特别开心而第二天却变得特别糟糕是什么感觉。双相情感障碍（也称为躁郁症）有点像任何人都会有的那种情绪波动，但是，是11次方的波动强度。患有这种疾病的人会经历一种"过山车"的情绪体验，这种情绪使他们在狂躁和抑郁状态之间波动，有时他们能吃下全世界所有东西，有时他们能够实现任何目标，无须吃饭、睡觉；在一些严重抑郁的时候，像起床这样简单的事情对他们来说都十分困难，他们掏空自己的身体试图达到最低要求，并忍受着毫无意义的空虚感。你可以想象，与这些完全相反的两种极端情况作斗争并不容易，正如安妮·海瑟薇（Anne Hathaway）在电视剧《现代爱情》（*Modern Love*）的第三集中所展示的那样。她饰演的角色展现了这种疾病的双重面貌，让我们更真实地接近这些人的日常生活。

关键是双相情感障碍中的<mark>躁狂症</mark>或<mark>轻躁狂症</mark>（与躁狂症相似，但是强度从10级降低到7级）与创造性的艺术创作有关联。在音乐界、文学界、绘画界和科学界的天才中，有许多患有双相情感障碍的例子。

基因、疯癫与创造力

我们刚刚引用了几个天才的例子，对于了解今天的大脑，他们留下了印记也做出了重大的贡献，而且他们都是"疯子"。那么，"疯子"更有创造力这是个神话吗？

实际上，神经科学表明我们之前提到的精神障碍和创造能力之间是有联系的。最重大的一个科学进展是人们发现了可以解释这种关联的一些<mark>基因</mark>。科学家对来自世界不同地区（从冰岛到中国）的人群进行的基因研究表明，精神病和创造力具有共同的基因根源。人们已经发现，引起精神分裂症的基因变化在具有超强创造力的人身上也很常见。也有流行病学研究，例如经济地理学家多米尼克·鲍尔（Dominic Power）在冰岛、荷兰或瑞典的人群中进行的研究表明，有较高遗传风险会患精神分裂症或双相情感障碍的人也从事着更具创造性的职业。他们往往属于某个艺术团体，或者在引言中提到的托兰斯创造力测试中得分很高。[6]

刺激、创新和超连接性

为什么会有这种联系？有以上精神障碍的人和极富创造力的人之间有什么共同特点？科学研究发现刺激、创新和超连接性这三个因素可能扮演着很重要的角色。[7] 你准备好探索一个天才的大脑了吗？好，我们开始吧。

我们的大脑持续不断地接收和过滤信息。它能够甄别重要信息和一次性的信息，从而防止我们因为受到过度刺激而"短路"。对于精神分裂症、躁狂症和注意力缺陷症患者，其刺激过滤器根本无法正常工作。它的功能极其有限。结果是什么？**过度刺激**。一些通常注意不到的小事，如微弱的噪声、远处的阴影或光线，都会进入意识并受到关注。大脑进入"信息混乱"模式。对于精神分裂症患者来说，不明显的噪声会被放大成说话的声音。患有注意力缺陷的学生会不断地在充满刺激的世界中努力集中精力，因此学校的喧嚣对他来讲是无法抵挡的（想象一下试图在迪厅学习的场景，这就是这些孩子所经历的）。但是，（你可能已经察觉到）刺激过滤器一旦失灵，更多的东西就会进入大脑，这可能对创造力有益。事实上，发生这种情况时，大脑会有天线来接收不寻常的刺激，这些刺激可能会给创造过程提供新颖和原创的想法。

在患有精神分裂症、躁狂症和注意力缺陷症的人身上，我们发现的另外一个因素是，他们倾向于寻找新奇的东西。他们天生会被陌生的东西吸引，渴望体验<mark>新鲜感</mark>。这听起来像什么？很容易理解，好奇心和敢于体验会激发创造力，对吗？

通过神经影像学的研究，我们又发现了一个"疯子"和有创意的人共有的特点。它就是<mark>超连接性</mark>。这是什么意思？研究发现这些人拥有连接特别密集的大脑网络：就是我们在前文提过的创造过程的大脑网络，能够激发冥想和执行想法的大脑网络。

想象一下，一个普通人有"25"个神经中枢在大脑中互相连接（只是用一个数字来表示一下，因为实际上我们不知道准确数量）；那么，一个患有精神分裂症的人，可能有"100"多个神经中枢相互连接。散布在整个大脑中的神经中枢之间的这种超连接，让他们很容易把不相关的事物或想法联系到一

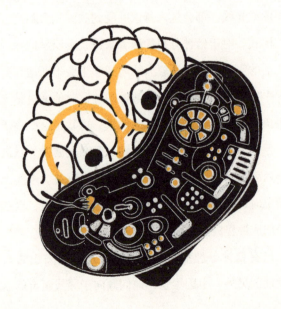

起，同时产生……（不难想到，对吗？）……正确，更强的创造力！

那么，那些"生活规律"的天才是怎么回事

在深入研究过大脑之后，我们了解到，过滤不足、寻求新意、超连接性使精神疾病和创造力有关系。但是我们也了解到，不是所有的有创造力的天才都是"疯子"。事实上，还有许多有创造力的人都是十分正常的人，这样的例子也不在少数。他们每天同一个时间起床、送孩子上学、不吸毒……总之，他们过着非常规律的生活。

你可能想知道怎样区分成功的创意者和变成"疯子"的人。问题的关键是找到恰当的平衡点。适当的躁动和探索新领域的勇气对创造力非常重要。同样，过滤不足和超连接性可以帮助人们在看似毫不相关的概念之间建立创造性的关联，而关联过多则会导致大脑"短路"。后者发生在许多才华横溢的人身上，许多未经治疗的精神疾病患者由此毁掉了前途光明的职业生涯，我们见过不少这样的例子。因为创造力不仅取决于拥有绝妙的想法，还取决于由大量的工作来把它们塑造成型，然后创造出新颖的东西。为此，需要规划、组织和注意能力，而"疯癫"可能领先一步。

那么，我们得出什么结论？"疯子"更有创造力是一个神

话吗？并不完全是。我们已经看到创造天赋和精神分裂症或躁狂症之间的联系有时可能非常微弱。有一些大脑的特质可以帮助我们找到平衡点：工作记忆和认知灵活性。它们是创造力的基本要素，我们将在第二章详细说明。

疯狂就是一再重复相同的事情，却期望得到不同的结果。

——阿尔伯特·爱因斯坦（Albert Einstein）

创造力是天生的，还是后天培养的

如果你手中有这本书，你可能对创造力有些疑问。也许你也想过你是有创造力的。你想到新的主意，大家都很喜欢，事情进展得很顺利。但有时你什么都想不出来。我们将在第三章看到，这就是创造力的瓶颈时刻。读过前几章，也许你更加怀疑了："那么，我，当然，我既不是左撇子，也不是两只手都会用的人，正因为不是，我永远也成不了像达·芬奇一样的人。"或者你想过："体验新事物并不是很吸引我，因此我不会成为一个非常有创造力的人。""我甚至很容易集中注意力，因此我应该特别好地把刺激过滤掉了，所以，拜拜创意。"

渴望创造是人类灵魂最深处的愿望之一。

——迪特·弗里德里希·乌赫多夫

（Dieter F. Uchtdorf）

我们已经发现，创造是一个大脑过程，和我们讲话或移动一样。没有人怀疑如果一个婴儿拥有健康的大脑，他就能学会交流和移动。然而，他会成为一个有创造力的人吗？我们倾向于认为创造力是少数天选之人的资产。但是……这是一个神话吗？

创造力"与生俱来"，因为我们是人类，它是我们与其他动物的区别（可能甚至超过语言）之一。它是一颗原石，我们可以终生掩盖和忽视它，也可以一点一点地打磨它，让它绽放光彩。因此，创造力也是"培养"出来的。由于大脑的可塑性，我们有能力学习以变得更有创造力。我们之前概述的大脑网络不是一成不变的，相反，它们处在不断地变化中。之前我们将大脑描述为一台充满枢纽的计算机，这些枢纽是多个网络的一部分。每分钟都会形成新的连接，一些变强（想象一下两个枢纽之间的线变得越来越粗，因此，也越来越快），另一些则变弱（一些线的外皮脱落）……随着新连接的形成，我们会学习到新东西；随着一些连接的消失，我们会忘记一些东西。没有任何东西会始终烙印在我们大脑里面。

进入问题的核心之前，我请你抹去你对创造力的所有错误的想法。那些你坚定不移、信以为真的观点会存在，是因为只有一部分人表现出是有创造力的。我已经列出了我的错误想法，你可以随意地添加：

如果你是左撇子，你就是有创造力的人。

如果你是善用两只手的，你就是有创造力的人。

如果你是"疯子"，你就是有创造力的人。

如果你是艺术家，你就是有创造力的人。

如果你是一个古怪的人，你就是有创造力的人。

如果你是音乐家，你就是有创造力的人。

如果你是大胆的，你就是有创造力的人。

如果你很聪明（或特别聪明），你就是有创造力的人。

如果你是天才，你就是有创造力的人。

如果你没有条理，你就是有创造力的人。

如果你_____

_____

_____

_____

_____

如果你是人类，你就有创造的潜力。

参考文献

1. Wallas, G. *The Art of Thought*. Nueva York: Harcourt, 1926.

2. Clarke, B. «Arthur Wigan and The Duality of the Mind». *Psychological Medicine*. 1987; 11: 1-52.

3. Goldberg, E. *Creatividad: El cerebro humano en la era de de la innovación*. Barcelona: Crítica; 2019.

4. Coren, S. «Differences in divergent thinking as a function of handedness and sex». *The American Journal of Psychology*. 1995; 108: 311-25.

5. Carballis, M. «Laterality and creativity: a false trail?». En: Jung RE, Vartanian O, eds. *The Cambridge Handbook of the Neuroscience of Creativity*. Cambridge: Carmbridge University Press; 2018.

6. Power, RA et al. « Polygenic risk scores for schizophrenia and bipolar disorder predict creativity». *Nature Neuroscience*. 2015; 18: 953–5.

7. Kyaga, S. «A Heated Debate: Time to Address the Underpinnings of the Association between Creativity and Psychopathology?». En: Jung RE, Vartanian O, eds. Op. cit.:114-35.

第二章
问题的关键

我们一点点地研究，逐渐到达问题的关键之处。近几十年神经科学的发展描绘了两条基本的创造路径：我们把自主的创造过程叫作"伏案"的创造，因为它依靠的是付出和坚持；我们把自然的创造过程叫作依靠新奇联想的"灵光乍现"。这两条路径完全不同，甚至完全相反，但是它们都是获得创造力的必要路径，实际上，两者是互补的。接下来，我们来探索一些大脑的智力功能，如注意力、记忆力、神经灵活性、联想能力等，这些都是构成创造力的基本要素。但是，在创造的时候，智力不是唯一发挥作用的要素。推动我们向前的动力源于我们的性格、动机和心态。所有这些都通过多巴胺、去甲肾上腺素和血清素等这些大脑信使来调节。

大脑功能单元

为了理解创造力及其基本要素，我们要停下来了解一下大脑的解剖结构和功能分区。在第一章我们已经讲过，大脑分成左脑和右脑两个半球。而每个脑半球又分成两个功能单元：前脑和后脑。画一条线把你的头发从中间分开，再从你的耳朵画一条线，与这条线交叉，下面的部分有一个凹陷（你还记得核桃吧）把每个脑半球分成一前一后。前脑由额叶组成（它是最大的，占大脑皮层的三分之一），其他部分是后脑，由另外三个脑叶组成：颞叶、顶叶和枕叶。按照进化的顺序，我们从后往前看这些大脑单元的功能。

后脑感知外部世界和记忆

后脑是接收周围世界信息的部位。由于这些**基本感觉器官**像天线一样能捕捉外部世界的信息，使味觉、嗅觉、视觉、听觉和触觉成为可能。例如，当你触摸一支笔时，信息会从你的指尖，通过称为**轴突**的长长的导线，传递到处理该信息的大脑区域（感觉皮层）。这样我们就可以知道我触摸的东西是冷的还是热的，是粗糙的还是光滑的，以及它的形状是什么。在这第一步之后，信息被发送到相邻区域（称为关联区域），这些区域为信息命名："它是一支笔。"这一切都发生在千分之一秒内。想想就有点儿头晕，对吧？数以百万计的刺激，一次全部传递并被全速处理，以吸收和理解我们周围的世界。如果你懂一点计算机，那么你会很熟悉这种类型的连续数据处理。有比我们的大脑更高效的机器吗？你可以在接下来的内容中反复思考这个问题，因为在结语中我们将更详细地解释。

学会看你看到的东西，试着看你没看到的东西。

——萨图尼诺·德拉·托雷（Saturnino de la Torre）

教学与教育创新教授

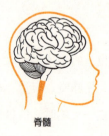

脊髓

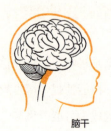

脑干

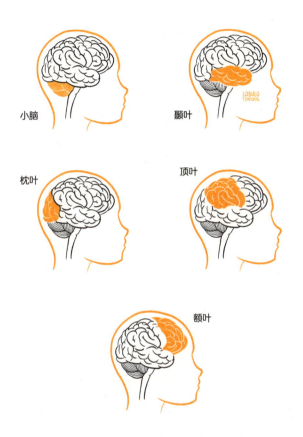

除了负责接收和处理外部信息的区域，后脑还有另外一个重要的功能：**长期记忆**。记忆库位于大约3cm×3cm的结构中，其形状像海马，被称为**海马体**（它隐藏在颞叶的褶皱中，位于其内侧区域或最接近大脑中线的区域）。它是我们存储所有记忆信息的"硬盘"。我们在那里存储文字和数据。例如：我们在跑步时会在脑子里重复记忆乘法表、歌词或去年六月考试的内容。我们还能找到特定事件的记忆：你的生日，看医生或与朋友共进晚餐（谁说了些什么、你们穿的衣服、你的感受，等等）。

你有没有想过为什么去超市或其他熟悉的地方时你不会迷路？那是因为我们对自己进行定位所需的空间信息，以及让我们能在熟悉的区域活动的空间信息，也存储在海马体中。如果你认识患有**阿尔茨海默病**的人，你可能会想到他们在去买面包时会迷路，或者他们会不记得自己曾经参与过那么开心的家庭聚会。一个人在患上阿尔茨海默病后，其海马体细胞会退化，其记忆"硬盘"会萎缩，其容量会减少（从500GB到350GB，然后到200GB……）。最后，由于其大脑容纳不下所有的信息，所以他们无法继续存储新数据，也逐渐地丢失一些记忆，通常从最近的记忆开始。小时候的记忆在"仓库"的底部，上面还有很多东西，因此小时候的记忆是最后丢失的。

前脑思考和行动

我们接收和存储在后脑里的所有信息都会传递到前脑以

让其转化成行动。通过眼睛我们看到一辆汽车快速靠近（后脑负责处理视觉），我们认识到这可能是个危险（记忆在发挥作用），我们一下子跳到人行道上，避免被轧死（前脑在发挥作用）。一切都非常有条理，对吗？

额叶是人类发育时间最长的部位，它像一台小型计算机一样。它是处理运动的地方（通过运动皮层），它负责更复杂的认知功能，包括创造力。你是否曾经停下来想过，为什么你知道你是你？这种"是"的意识是额叶的功能。

现在，想象一下我们把额叶像木瓜一样切开。首先，我们从右到左进行横向切割，从而将最"面部"的部分（最靠近脸的部分）与其他部分分开。这个大脑区域被称为前额叶皮层，是创造力的指挥者。然后，如果我们继续将这个前额叶皮层想象成木瓜，我们现在可以垂直切割并将最靠近脸部的区域分成两部分：靠近鼻子的部分和靠近耳朵的部分。最靠近鼻子的被

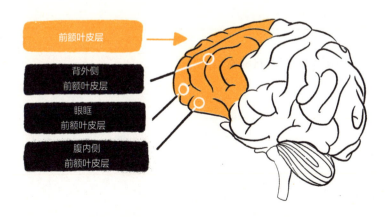

称为**内侧前额叶皮层**（或**腹内侧**，因为它也靠近颅底），与头脑风暴过程中的想法产生有关，而最靠近耳朵的被称为**外侧前额叶皮层**（或**背外侧**，因为它离头骨表面很近），在把大脑中的想法与社会规则标准对比之后，对这些想法进行过滤。这种解剖学的划分很重要，因为它在我们大脑回路的功能中起着至关重要的作用，我们稍后会看到。

尤瓦尔·赫拉利（Yuval Hoah Harari）[1]表示，前额叶皮层的进化在智人的进化过程中达到了顶峰，并导致了认知革命。大脑中最靠近头部的这个部位是人类最后形成和最成熟的结构之一。它直到20多岁才发育完成，并且在人老年时不断退化。这也是为什么创造力的高峰通常出现在30岁到45岁之间的原因之一。但是，如果你年龄较大或较年轻，请不要沮丧，年龄无法改变，但你可以自己控制创造路径和创造力的构成要素。

创造力是智力的乐趣。

——阿尔伯特·爱因斯坦

创造过程："埋首伏案"
还是灵光乍现

吉尔福德几十年前说过，有很多不同类型的智慧，也有不同类型的创造力和创造过程。举一个古典音乐的例子，沃尔夫冈·阿玛迪斯·莫扎特（Wolfgang Amadeus Mozart）（1756—1791年）是第一位与贵族断绝关系，追求自由的作曲家。他不仅性格孤僻而且外放、冲动，甚至可以说他有多动症和抽动障碍，这导致他强迫性地在他的乐谱上乱涂乱画。[2]莫扎特尝试了各种流派，从圆号协奏曲到歌剧再到清唱剧，他的每一首乐曲都有无穷无尽的旋律。莫扎特完成第41交响曲的创作仅用了一个星期！

在莫扎特之后的几年，路德维希·范·贝多芬（Ludwig Van Beethoven）（1770—1827年）出生。他嗜酒成瘾的父亲，坚持要让他成为新一代莫扎特。据说，两人第一次见面时，莫扎特（来自萨尔茨堡的天才）就预见了贝多芬的成功。贝多芬知道他的才华可以为自己背书，所以他也从贵族交际圈脱离出来。缪斯总能看到他在勤奋付出。他一丝不苟，追求完美主义，甚至让人难以忍受，而且性格暴虐傲慢。传闻，没有一个仆人能受得了他，因为他的钢琴旁总是有堆积着食物的盘子。

他花了六年时间创作了第九交响曲，最不可思议的是，他是在全聋的状态下创作的（这是额叶的顽强，其余的都是胡说八道）。

这两位作曲家，一位是伟大的古典乐作曲家，另一位是第一位浪漫主义作曲家，他们因其留下的富有创造性（卓越创造力）的音乐遗产，被视为大师。然而，他们的性格和创作道路却大相径庭。

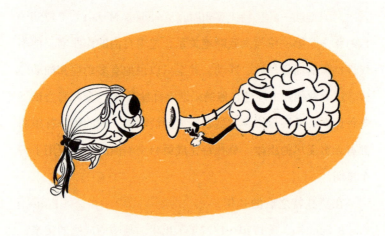

自主的或者"埋首伏案"的创造过程

由于近几十年的神经科学研究，现在我们知道基本上有两种创造过程。我们要说的第一种叫作"自主的""自愿的"或"顽强的"创造过程。或许你有过这样的经历，一旦你"进入状态"，投入时间、注意力和精力，创意就会源源不断出现。这种情况通常出现在有外部压力时（例如，你的老板说："想不出来下一次的营销方案，我们就不结束今天的会议。"），或者有自己施加的内部压力时（你对自己说："我会在今天睡觉前完成这个设计，因为我的名字是……"）。是的，一些创造性的想法要靠付出努力，有可能跌跌撞撞、断断续续，但是想法一点点地出来了，在会议结束或一天结束时，你总有一些创造性的东西可以展示。

　　这种自主的创造力是指在有条不紊地研究问题后提出解决方案。我将把它称为"埋首伏案"创造力，因为这就是它的来源：卷起袖子，将肘部贴在桌子上，全身心地投入手头的任务中。例如，有的公司提出一项倡议：我们如何改善员工的健康状况？让我们分领域来看。可以从营养领域开始。以此为出发点，就会出现一些想法，比如：改善自助餐厅的供应，检查自动售货机的产品……之后会转到锻炼问题上，怎样组织员工运动社团、倡导走楼梯……之后会想到睡眠、情绪健康、压力管理等问题。如你所见，这个过程是有组织且有序的，这些在很大程度上依靠我们在第一章看到的大脑执行网络。如果你感兴趣，我将给你讲讲解剖学（如果你没有兴趣，可以跳过这部分）：它的神经中心都在额叶（背外侧前额叶皮层）和顶叶（后皮层）。

　　这类创造过程适用任何行业。是的，在以混乱和无序而著称的（这是错误的观念）艺术创作中也是如此。这大概就是贝多芬所遵循的顽强法，他甚至不会从钢琴旁站起来去收脏盘子。西班牙著名厨师费兰·阿德里亚（Ferran Adrià）通过创新彻底改变了美食界，他在接受采访时解释了他是如何利用这种创造力的：在4000次测试中，只有300次成功并成为新菜品。[3]这种情况就是，埋首伏案并全力以赴。

你不能等灵感来找你，你得拿着棍子去找它。

——杰克·伦敦（Jack London）

自然的或者"灵光乍现"的创造过程

另一个路径叫作自然的或灵活的创作道路。就是那些"灵光乍现的时刻"！从公元前3世纪锡拉丘兹的阿基米德到21世纪3D建筑打印机的先驱恩里科·迪尼（Enrico Dini）。和你想的一样，这类创造力不是凭空出现的，而是基于大量的知识、记忆和工作。然而，这个想法（可能是你在房间里走来走去时的一个"啊哈"！）通常会在我们最意想不到的时候出现。这种"时刻"不仅出现在艺术家身上，也出现在所有专业领域，甚至在物理学中（如最近的一项研究[4]所示）！大脑的默认网络在这个过程中发挥了至关重要的作用，我们在第一章讲过，我们也将其称为遐想网络。它的神经中心或枢纽（注意，这里涉及解剖坐标）位于内侧前额叶皮层（背侧和腹侧）和后扣带回（楔前叶和外侧顶叶皮层）。[5]记住，这个网络会在你出神的时候活动，也就是当你对外界的注意力处于"暂停"模式时活动。

然而，你肯定开始猜测，大脑从不休息。很明显，当我们出神时，什么都不想的时候，后脑在努力工作。海马体在它的储藏室里翻找记忆并将它们组合起来（这个过程就像你每天早上起来，搭配衣橱里的衣服来打扮自己一样），关联区域（感觉器官和其他更深的细胞核，即基底神经核）在不停地相互联系，把概念、词语和视觉、声音和气味联系起来。这个互相关联的世界及神经元之间的连接是"繁殖"创意的温床，而这些创意通常独树一帜、标新立异。

当某个连接通过大脑网络到达前脑的神经中心（更准确地说是内侧前额叶区域），变得有意识时，"灵光乍现时刻"就出现了。[6]它像广告横幅似地出现，上面写着："我在这里。"如果你曾经遇到过这种情况，你就会了解这种感觉，你花了很长时间（好几个小时、好几天、好几个月，甚至好几年）试图解决一个问题或者为你的下一个任务寻找灵感之后，你会有灵感突然从天而降的感觉（哎哟！缪斯）。以上所说的就是，大脑网络在起作用。

每一次沉思都会打开一扇门。当你无法专心时，请允许自己走神。

——胡里奥·科塔萨尔（Julio Cortázar）

创造过程中的Who is who

接下来，我们来看看两种创造过程中涉及的认知元素。我们来学习进行创造时大脑是如何运作的，目标是利用这些知识帮助自己。发现某些认知元素何时过多、何时过少能够帮助我们规划我们的创造性工作，从而最高效地利用时间。

注意力

你可以把由前额叶控制的注意力想象成一个带变焦镜头的相机，它可以让你打开特定的光圈。要激活"埋首伏案"的创造过程，你需要大量的注意力。我们之前举过一个营销方案会议的例子，会议中必须要设计一个方案来改善员工的福祉，如果有人开始提到前几天在工厂中发生的问题，或在材料运输中发生的问题……就会分散个人注意力和集体注意力。保持关注的焦点是必要的，为此我们必须规避各种外部刺激（例如，苍蝇的嗡嗡声或烦人的灯泡）和内部刺激（例如，我今天有很多事情要做的想法……）对我们的干扰。为了避免分心，我们必须收起让我们感知世界的那些天线并加强过滤器，好让其他刺激不会影响我们（在神经心理学中，这被称为"抑制"）。

反之，如果要激活自然创造过程或"啊哈"，我们就只需要一点注意力和过滤器，但并不是说我们可以没有这些要素。为此，最好"虚化"注意力的中心，放大光圈的直径并减少过滤器的过滤力度，以扩大我们对内部和外部世界的感知范围。[7]这样一来，因为你无法仔细地感知"一切"，世界就失去了清晰度（就像在真实相机中一样）。这种分散注意力的状态（你可能还记得，在引言中，我们把患有注意力缺陷或精神分裂症的人的这种状态定义为常态）增强了我们进行远程关联和创造新想法的能力。

这有什么实践意义？今天在你开始锻炼你的创造力之前，先想一下你此时的注意力怎么样。这会帮助你决定你是适合出去散散步，还是坐下来伏案思考。

工作记忆

工作记忆是让我们能够贮存、处理和操控信息的系统，[8]与我们之前讲过的在后脑硬盘中存储的记忆没有任何关系。工作记忆与你"在线"拥有的、记忆过的或你能够使用的数据有关。请记住，额叶就像一台小型计算机，而背外侧前额区域（靠近前额的区域，但更靠近太阳穴）每秒接收数百万个数据。它从记忆仓库中收集经感官（如视觉和听觉）处理过的信息，选择重要的数据并排序，就像一个Excel表一样。

工作记忆的第一个功能是选择重要信息。想象要开工作会议的一天，或者你要专注艺术工作完成你即将交付的雕塑的一天。任何与该目标无关的数据都要忽略掉，因为它不值得你的任何关注，更不用说把它放入你的数据库中了。第二个功能是根据空间和时间情况将数据一个个放入相应的格子中。你放入数据库中的信息可能是无限的，但可见的数据量是有限的。这个限制取决于你计算机屏幕的大小。同样，你的工作记忆是有限的，但它可以被开发，我们将在第四章讲到。

工作记忆是自主的或"埋首伏案"的创造过程的基本要素之一，它和注意力是一起的；但是，它在自然创造过程中不起重要作用。

创造游戏

有了工作记忆中的数据，你就可以"玩"了。你可以翻转它们，从这里或那里看，加、减、组合……简而言之，你可以操纵它们，直到你得出新的东西。如果你不熟悉计算机和Excel表格，你可以按照神经心理学家艾克纳恩·戈德堡（Elkhonon Goldberg）的建议[9]，把背外侧前额叶类比成乐高（现在仍然很流行的积木游戏）。你能看到成千上万个不同尺寸、不同颜色的乐高积木，有一些是拼在一起的，但是大部分是分散的；它们代表从后脑接收到的所有信息。由于工作记忆有限，只能在线保留一部分信息。作为建造者，你可以留下一些碎片（仅限于你已经选择的身边能拿到的碎片）来玩，来拼成楼房、摩托车、宇宙飞船……所有你能想到的东西，以及所有创新的东西。

我们来看一个真实的例子。我在我的硬盘（海马体）中存储了我作为神经科医生的经验，以及我近年来收集的大量关于创造力的数据。数据越多，我拥有的"乐高积木"就越多，或者说我的Excel表格就越大。在写这本书的时候，我只能使用那些一线的数据，正是我的工作记忆帮助我操纵、联结这些知识，赋予这些知识新的意义，以创造一本对你和其他读者来说既新颖又有用的书。读完这本书后，你就是我的前额叶皮层和创造力的评判员。

能否产生新想法在一定程度上取决于你有哪些积木；而更关键的是要放更多的积木在桌子上。

——艾克纳恩·戈德堡

大脑的灵活度

想象一下，你计划星期六上午去郊外散步，一切都决定好了：路线、出发时间、要带的东西等。你在定好的时间起床，看了一下天气……但是，外面正下着瓢泼大雨。必须改变计划。你的额叶让你切换"芯片"，并开始制订替代方案，从坐在家里的地毯上开一场电影茶话会，到全副武装、穿上雨鞋、打上雨伞，在小区水坑里来一场大冒险。这个大脑过程的产生就源于大脑的灵活度，对于创造力来讲这是最基本的。像费兰·阿德里亚之前说的那样，4000道菜，最后只有不到10%能够被端上餐桌。这个过程，和所有"埋首伏案"的路径一样，需要大脑有很强的灵活度。因为如果方案A不奏效，就必须要改为方案B；如果还是不奏效，就要改为方案C……直到找到完美的菜谱。

要进行这种大脑训练，必须要能够把我们的注意力从一组信息转移到另一组信息上。大脑灵活性让我们能够在大脑计算机上切换屏幕以获取下一个Excel表格。鼠标点击得越快，从一页跳到另一页的速度就越快，就越有灵活性。在我们的日常生活中，这意味着你能够快速地把注意力从工作中抽离，然后放到家里（居家办公时，这更困难做到），或者全神贯注地从一项工作转到另一项工作。由心脏病或神经退行性疾病（如额颞叶痴呆）导致的前额叶这一区域的病变会催生神经学家所说的"毅力"。在这种情况下，这并不意味着坚韧，而是顽固，这与大脑灵活性是相反的。这样的人无法切换"芯片"，而且会沿着相同的路径坚持下去，而无法更换挡位或者使用新的规则。

你可曾想过锻炼你大脑的灵活度（你一要出行的时候天就

下雨的这种情况除外）。在第四章我们会看到一些方法。我可以提前告诉你正念减压疗法是其中之一。

想法过滤器

每当一个可能有创意的想法出现时，无论哪种方法（自主的还是自然的），都一定会经过背外侧前额叶皮层的想法过滤器。这里是给你的想法贴上"OK"标签的地方。也就是说，这个区域会告诉你：这个想法是有用的，这个想法是有益处的，或者这个想法一点儿用处也没有。是的，这里是集合了社会观念和相关标准的区域，这里还能决定你的想法是否对于某个群体有价值。

如果一个人的背外侧前额叶皮层受损，他就会失去社会规则的概念（那些我们每个人都知道的与社会共存所必需的不成文的规则）。你能想象到结果如何吗？这个人会想到什么就说什么，没有任何过滤，并说出"不要让那个胖子上电梯，不然我们都会掉下去"这样的话……这让你想起了某个人吗？如果你家里有孩子，你可能遇到过非常相似的尴尬情况。比如，你上周末去参加一个聚会，一个朋友喝多了，或许他也会胡言乱语说一些不着边际的话……孩子没有过滤器，因为他们不了解社会规则，同时也是因为他们的前额叶皮层还没有发育完全。另外，酒精会损害外侧前额叶区域的神经元并让过滤器暂时性不起作用（是的，所以第二天当你想起来你做过的事、说过的话时，你就知道你犯错了）。

如果约束社会行为的过滤器消失，会发生什么？或许你已经猜到，对于创造性活动，没有过滤器可能是好事，各种想法可以放任自流。我们有额颞叶痴呆和前额叶皮质外侧区域萎缩患者的例子，他们展示出前所未有的艺术表达能力，甚至可以自由地切换主题和风格。[10]如你所见，神经系统疾病和损伤让我们了解到大脑的一些功能。

如果一个想法在一开始不是荒谬的，那它就是没有希望的。

—— 阿尔伯特·爱因斯坦

联想能力

50多年前，美国科学家兼教授萨诺夫·梅德尼克（Sarnoff Mednick）强调，能够把明显不相关的事物联系起来是变得有创造力的基本要素，这个能力十分重要。事物之间的联系越遥远，把它们组合一起之后，解决方案就越有创意。[11]基于这个理论，他发明了远距离联想测验（Remote Associates Test，RAT），这个测试给你几个看起来没有任何共同点的单词，并要你写出第四个单词来把它们联系在一起。例如："腿""食物"和"椅子"；把它们联系起来的第四个词是：_____。

你想到了吗？现代神经科学通过神经影像学研究（PET和功能性磁共振成像）以及脑电图[12]证实了这一理论。如今，我们知道，将明显不相关的概念关联起来的能力会促成伟大的想法。我们周围有成千上万的例子。

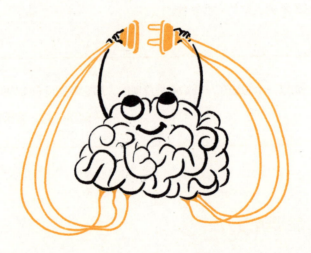

树叶随风飘动，却不落不折，这是能够观察到的很明显的自然现象。也许第一位决定设计材质更柔韧的楼房来抵消地震作用的建筑师注意到了这一特点。如果你看过马拉维工程师兼发明家威廉·坎克万巴（William Kamkwamba）的自传电影《驭风男孩》（*The Boy Who Harnessed the Wind*）——如果没有看过，推荐你去看——你会记得小威廉根据他在学校老师的自行车上看到的发动机建造了一个大风车来发电，从而解决了家中的温饱问题。一片树叶和一栋楼房，一辆自行车发动机和一台风力发电机，这些事物之间毫无关联，只有一个神奇的大脑能够发现它们之间的联系。在日常生活中，也有许多这种有关联想能力的例子：从把书籍变成雕塑，到把废弃的盒子变成花盆。你有想到最近有什么新奇的联想引起了你的注意吗？或者你自己有什么新奇的联想结果吗？把它们写在这里：

顺便说一句，因为我不想让你因为我的小计谋而失眠，测试中的第四个单词是"桌子"。也许你已经猜到了，在自发的创造过程中，把事物联系起来是基本的能力，这个能力创造了许多"灵光一现"的时刻。

创造力就是建立事物之间的联系。你向创意人才讨诀窍时，他们会有一点内疚，因为他们并没有创造，而是看到了事物之间的联系。在一段时间的沉淀之后，这对他们来讲显而易见。

——史蒂夫·乔布斯（Steve Jobs）

想象力

　　什么是想象力？想象力在创造力中扮演什么角色？这里我们即将展开探索。至今还没有许多关于想象力的研究。其中一个主要的问题是测量想象力十分困难，如引言中所述，在神经科学的研究中测量是很基础的。给想象力下定义也不是一件容易的事情，但是可以这样定义：想象力是一种倾向，倾向于在头脑中呈现与当下身体体验无关的概念、想法或感觉。[13]它让你在开会时或者在一节无聊的课上穿越到一个遥远的"天堂"，它使小孩子们的画总是那么有趣，它为行动不便的人插上翅膀。你可以想象你以前经历过的场景，如日落。现在你闭上眼睛：你不仅能看到刺眼的太阳，你还能感觉到它的热度，还有拂过你皮肤的轻风，你能感知到日落，根据自己的喜好，你能听到寂静或者喧嚣；你能感受到这一切传递给你的寂静，等等。我想用这个例子说明的是，我们不仅能够想象到画面，而且还有各种感觉。你也可以想象你从未经历过的全新景象。这就是想象力的厉害之处：没有界限。你可以想象任何东西（毫不夸张）。

　　想象力涉及各种大脑功能，比如由感官传递的感觉、记忆、情感和行动，想象力为创造的过程打开了大门。据说爱因斯坦想象过自己坐在一个以光速飞行的火箭上，这帮助他创立了相对论。人们已经使用脑神经成像技术确定了大脑中参与大脑形象重建的区域。这些区域与注意力、视觉空间处理和操纵（在顶叶），以及基于新组合的想法创造（内侧颞叶、海马和海马旁）有关。[14]正如我们前面说过的那样，有些状态，如白日梦或无聊，可以让头脑更容易逃脱，让想象更容易开启。一些艺术家、作家、作曲家或科学家使用可视化的方式"进入"他们自己的想法中。当他们无法用语言准确描述他们的想法时，他们会尝试把它画出来。[15]在纸上描绘出来能够看到的图像（它可能非常简单也可能非常复杂）为我们了解自己的想法开辟了一条道路。

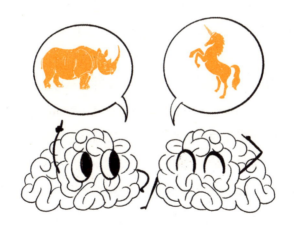

记忆力和知识

在我们这个时代记忆力有些受歧视。它的坏名声源于前几代人，因为他们的教育全靠记忆。我们的父母至今还记得著名的西哥特国王名单……然而，事实上这一切并非只靠记忆力，创造力也离不开存储在我们大脑中已有的根深蒂固的知识。当我们谈到知识，我们说的不仅仅是乘法表那类的数据信息，我们说的是各种信息，比如身体信息，因为身体也有记忆！因此，一个人会骑自行车，他不会忘记，会游泳，他也不会忘记。事实是，创造力并非来自"无"。因此，你想在你了解的领域里发展你的创造力是很正常的。比如，我决定基于我作为神经科医生的经验来写这本书；如果我既不会画画，也不会穿针引线，还要去尝试设计时装来开发我的创造力，这是没有意义的。

为了创造，我们需要我们自己的"谷歌"，为此，必须要充分准备、努力学习。伟大的作曲家在开始艺术创作之前，都学习了音乐理论，并投入了上万个小时弹奏自己的乐器直到完美掌握它。同样，像毕加索或者布拉克（Braque）这样的画家，在剖析图形结构和创造立体主义之前，也要学习如何按照写实主义的风格绘画，然后经历掌握视角、形状、颜色和纹理等知识的所有必要阶段。这些例子都展示了你已经想到的事情，同时证实了，在发挥创造力的时候，要先当伙计，之后才能成为厨师。

我们在自己的记忆硬盘中存储知识和经验，我们需要进入我们的记忆并提取对我们最有用的数据。在"埋首伏案"的创作中，我们把这些数据"在线"放入工作记忆系统中，以便能够操纵、组合它们，生成新的东西。正如之前讲到的那样，我们手中有多少"乐高积木"可用取决于以下这些：通过感官"吸收"的来自外部世界的信息，扎根于大脑中的牢固的知识，还有对已有知识的质疑。面对一个新问题时，我们会尽力想起类似的情况和当时的做法来解决这个问题。这个问题可能是如何设计新产品的营销活动或者在一个空荡荡的舞台上能做什么。过程是类似的：根据关键词和算法进入我们自己的"谷歌"。

在"灵光乍现"的创造过程中，记忆力也扮演着十分重要的角色。在进行联想的时候——我们前面说过，联想是创造之路的关键过程——我们会下意识地把记忆中的数据相互连接起来以提出一个新的想法。在这类创造过程中，人们认为在记忆中的搜索是更加开放的，而不是那么有目的性的；[16]就好像是我们在谷歌的搜索框中只输入一个单词，却得到了成百上千个结果，可以有上百万种组合。

你的记忆力怎么样？你的哪种记忆力发挥得最好？听觉、视觉，还是空间？什么能够帮助你记忆？是实践，还是与某种感觉连接？请你思考，并在下面写下答案：

_____

_____

_____

提前告诉你，我们的身体也有记忆力，我们将会在后面讲到。

用你所知道的来创造新的东西。

——玛丽安娜·埃尔南德斯-蒙克（Mariana Hernández-Monje）

神经学家、研究者

持续互动的两个过程

总而言之，我们有两条创意路径，虽然两者有许多相同的成分，但每种成分在所需的数量上有所不同。这两条路径不是并行工作，而是交替工作。当我们处于"自主创造"模式时，我们不能处于"自然创造"模式，因为所涉及的网络是不同的而且是自主排斥的。两个网络在前额叶区域（这个区域离前额最近，如果我们把大脑看作一个木瓜，把它切开，就能更清楚它的位置）有共同的节点：它最靠近鼻子的部分（内侧前额叶皮层）会在自然创造过程中工作，在这里产生原创性的想法，甚至是荒谬的或疯狂的想法；它最靠近耳朵的部分（外侧前额叶皮层）在自主创造过程中工作，同时还负责过滤想法，以确保这些想法是合适的、有用的并且是行得通的。

这两个在解剖学意义上很相近的区域造就了一个非常有效的系统，使新产生的想法能够快速经过隔壁区域的"OK"过滤机制。[17]创造力正是这两个密切沟通并交替工作的系统之间有效合作的结果。[18]从一条路径到另一条路径的有效转换是产生好想法的原因，而且这些想法也是有用的、可行的。

　　这两种创造过程你肯定都经历过。你还记得那些时候吗？你不断地工作，做出了一些东西，然后自然而然地有了一个想法，"好像是凭空产生的"，这个想法帮助你解决了某个问题或者帮助你开启了某件事情。现在请你想一下：你认为你的这种经历更倾向于哪个创造过程？请你用自己的话写下来，你当下的创造过程是什么样的？你认为自己更依赖哪条创造路径？

_____

_____

_____

_____

_____

_____

_____

_____

_____

_____

_____

_____

你最不发达的那个创造过程正是你需要加强的，我们将会在第四章讲到。

创造的原动力

　　智力并不是构成创造力的唯一因素。我们都认识一些很聪明甚至很有创造力却没有取得任何成就的人。反之，我们也认识一些我们称之为"普通人"，却因为特别具有创造力而让我们刮目相看（正如吉尔福德描述的那样）的那些人，他们是"创造机器"。我们将研究这类人以找出他们的内在动力，发现是什么驱使他们凭借极大的热情和毅力进行创造并坚持在创造的道路上前行。我们将专注于研究大脑区域而不是推理，我们将主要关注动机、性格、感觉和心情。

动机

　　动机被定义为驱使你朝着目标前进的能量，其大小取决于你背后的欲望和激情。因此，寻找动机的第一步是设定一个目标。例如，如果我写这本书，是因为我觉得这是一个令人兴奋的话题，可以帮助我和许多人更有创意地生活，这是一种积极的动机。反之，如果我写这本书，是因为我许诺要完成它，都没有想好如何写，而现在我只想出去散步，以及避免"我的出版商终止合同会在未来的合作中对我产生负面影响"这类的事情发生……这是一种<mark>消极的动机</mark>。这两种类型的动机同样能有效促使我按时交稿；但是，内容的好坏会有所不同。研究表明，积极的动机比消极的动机更能激发创造力。总体来说，拥有消极动机的人表示，创造性的工作对他们来讲很难，会消耗他们很多能量。[19]

　　研究还表明，人们在一个项目中投入多少努力往往取决于动机的类型。继续以我写书这件事为例……如果我有一个积极的动机（请你相信就是这样！），我越接近目标，我会越有动力去努力完成这本书。反之，如果我的动机是消极的，随着我写的页数逐渐增加，可怕的焦虑感就会越来越少，我为了写完这本书而付出的努力也会减少。正如你所看到的，随着你越来越接近预期目标，你的努力可能会增加以进行最后的冲刺。反之，你会放松并减少努力，具体情况取决于你的动力类型。

　　现在请你想一个你认为是明显的积极动机的情况，或者是一个消极动机的情况；然后思考在接近目标时动机是怎样影响到你付出的努力的。如果你愿意，请写在下面：

_____

_____

_____

_____

动机和创造力之间的关系并不是直线型的，而是U型，或倒着的U型。[20]如果没有动机，就没有创造力。我们已经看到了创造新事物的过程是多么复杂费力；甚至"灵光乍现"的背后也需要花许多功夫，因此也很好理解，一个没有很强的动机也没有很大的兴趣的人可能会开始创造，但是很难完成。然而，过多的动机可能也会起到反作用。你想象一下，如果为一个人提供一份豪华的奖品、百万的奖金或者在他梦想的画廊中办展览，条件是让他完成一份工作。这种"过度"激励可能会使其变得充满过度激情，从而使其变得冲动、焦虑，或把他推向创造瓶颈的深渊（我们将在下一章讲到这种创造破坏者）。因此，最好的创造原动力是适量的动机。

动机在大脑中的哪个位置？对此，我们学习了许多关于会造成麻木的神经退行性疾病（如额颞叶痴呆）的知识。如果这些患者大脑的内侧前额叶区域受到影响（是的，又是那个关键区域），我们发现他们会失去做事的兴趣和主动性。这种内在动机的缺乏通常伴随着情绪的萎靡。

同样，众所周知，动机是一种高能量成本的有限资源。研究表明，充满动机这件事情需要我们的大脑和身体付出巨大的努力，因为它会消耗大量的葡萄糖。[21]因此，为了保持"恰当"的动机，为我们的身体提供所需的能量十分重要。由此，我们得出结论，为了保持动机，像跑马拉松比赛那样合理分配体能，有规律地定期工作，效率会更高，而不是试图靠冲刺和休息来达到目标。

感觉

情绪脑负责给从外部传来的信息赋予一个感觉值。感觉让我们可以给事件或事物贴上标签以便我们在决策中给予（或不给予）它们优先地位：对我影响大的事情肯定比我不关心的事情更重要。这个系统是如何工作的？感觉的种类包含悲伤、喜悦、愤怒、恐惧、厌恶、仇恨等。这些是无意识、非常迅速且不受控制地出现在我们身上的心理或生理反应。从我们的祖先远远看到一头狮子，到现在我们在过马路时看到一辆汽车在靠近我们，害怕的感觉都会让我们动起来：快跑，马上！为什么看到一只蟑螂时，我们会立即产生一种巨大的厌恶感，且伴随着胃部的翻腾？你肯定已经猜到这种反应是如何发生的……正是这样，情绪神经网络被激活，它有多个神经中枢，包括内侧前额叶皮层（其他是：杏仁核、扣带回皮层和海马体）。

因此，情绪神经网络与它旁边负责处理来自外部世界的信息的背外侧前额叶皮层紧密相连。[22]正是因为这样，我们通过视觉和触觉感知物体，比如

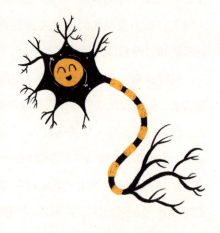

我们识别出的一支笔，可以在我们身上唤起完全不同的情绪。它可能不会激起我们什么情绪，因为它只是一支笔，对我们来说很普通，没有特点；它也可能给予我们极大的喜悦，因为这是我们非常喜欢的人送的；它也可能会给我们带来一阵巨大的愤怒，因为我们用这支笔签署过离婚协议，这件事至今还会让我们感到激动。情绪使信息带有了色彩。

我既关心我周围的外部世界，也关心我的内心世界，然后我把它们联系起来。

——艾米莉·弗里曼（Emily Freeman）

心情

在心理学中，心情分为"活跃的情绪"和"不活跃的情绪"。顾名思义，活跃的情绪是那些引导我们采取行动的情绪，可能是积极的情绪，如快乐或喜悦，但也可能是消极的情绪，如焦虑或愤怒。研究表明，这类情绪会加强创造力。[23]快乐和喜悦会强化大脑灵活性。想想我们之前看到过的例子，因为你一觉醒来外面下着大暴雨，你去山上郊游的计划泡汤了。

你会怎样反应？如果你坐在椅子上想着"我真倒霉，真是糟糕的一天"，那么到了中午，你肯定还是躺在那里愁容满面。反之，如果你能够保持乐观和积极的态度，替代方案就会自己出现。快乐的心情帮助我们摆脱特定的想法，寻找更有效甚至更有创意的替代方案。

另外，我们都有过这样的经历，适当的焦虑或紧张可能对创造力是有益的，因为它让我们在工作中保持警惕和集中精力。截止日期是保持适当压力的最佳盟友。然而，过度焦虑会让我们完全封闭自我，我们会在第三章讲到。愤怒或生气也可能对我们是有益的，因为它能增加我们的韧性和自主创造力。你是否曾对你的上级（比如领导或者老师）感到非常生气？这种"坏脾气"让你想"我再做这份工作我就不叫＿＿＿＿＿"，而且给了你这样做的能量。消极的活跃心情就是这样运作的，推动了自然创造，让你集中注意力，努力把工作做到最好，虽然仅仅是为了对抗那个让你生气的上级。我认为愤怒可能是毕加索画《格尔尼卡》的创作动力之一。据说纳粹的一个长官看到画中传递的恐怖信息后，问毕加索："这是你做的？"毕加索回答他："不，这是你们做的。"

相反，不活跃的情绪，也有可能是积极的，比如放松或平静；也有可能是消极的，比如沮丧或悲伤，对激发创造潜力有消极的作用。当你非常放松的时候，你很难活跃起来开始工作。平静或放松可以让想法在后脑中发酵，但并不是推动创造行动的情绪。悲伤和沮丧也不是。虽然在文学和电影中，抑郁和创作状态有关联，但是现在我们知道患有抑郁症或双相情感障碍的人（如我们第一章看到的那样）在情绪低沉的时候没有很高的创作能力。正是在从抑郁中走出来回到正常情绪状态的时候，他们的创造行为才以前所未有地以新颖的方式出现。

性格

我们每个人都有自己的性格。根据心理学家的说法，性格是持久的（是的，没有人能改变它），但是性格是可以被塑造的（我们通常描述为"量体裁衣"；如果你是老师或者父母，你会清楚地知道我说的是什么）。莫扎特和贝多芬的性格十分不同，创造路径也不同。但是，推动他们创作的性格和才能都是相同的，比如，对学习的好奇心、寻求新事情的勇气、对音乐的激情、对自己创造方案的自信、推进项目的韧性和工作能力。现在，请你想一下，你认为帮助你变得更有创造力的性格是哪些，请写在下面：

1.＿＿＿＿＿＿＿＿＿＿＿＿＿＿＿＿＿＿＿

2.＿＿＿＿＿＿＿＿＿＿＿＿＿＿＿＿＿＿＿

3.＿＿＿＿＿＿＿＿＿＿＿＿＿＿＿＿＿＿＿

4.＿＿＿＿＿＿＿＿＿＿＿＿＿＿＿＿＿＿＿

5.＿＿＿＿＿＿＿＿＿＿＿＿＿＿＿＿＿＿＿

　　现在，请你再想一下阻碍你变得更有创造力的性格。对于我来说，往往是喜欢掌控一切，二加二等于四（一板一眼），事情必须是恰当的、可以预测的……但是我学会了在创造过程中必须解开绳索、放松自我。这是创造"游戏"的一部分，为此必须学会放松自己、暴露自己、走出舒适区……对于科学家和更喜欢"条条框框"的人来说，做到这些都很难。事实上，我可以肯定地跟你说，这本书最初的目录和最终的成书毫无关系，但是这样更好（我就希望这样！）。其他的障碍可能是缺少好奇心（如果你正在读这本书，我相信这种情况不属于你）、对于失败的恐惧、完美主义、犹豫不决……这是我们性格中会破坏创造力的一些特点（我们将会在第三章讲到）。没有条理的人（再一次提到莫扎特）不得不努力争取才能建立某种工作秩序。每个人都必须了解自己并找到适合自己的方式（或许，需要废寝忘食）。有条理的人，比如贝多芬，不得不与长时间坐在椅子上的欲望作斗争，虽然是徒劳的。他们不得不强迫自己去休息，享受断开连接的时刻……也会产出成果，正如我们之前讲到的那样。请你在这里写下那些你认为不利于你发挥创造力的非常个人的特征：

1. _____

2. _____

3. _____

4. _____

5. _____

我认为，对生活的方方面面都有好奇心，是极富创造力的人的成功秘诀。

——李奥·贝纳（Leo Burnett）

报刊撰稿人

大脑-身体的连接

在前面的各个章节中，我们逐渐地看到我们的大脑如何通过激活不同的大脑网络来感觉、思考和行动。每个网络最重要的枢纽由细胞核或神经集群组成。这些神经元如何相互交流？和身体的其他部分如何交流？大脑信使是包裹在胶囊（称之为囊泡）中的小分子（胺类），它们离开一个神经元并携带信息进入下一个神经元。创造性大脑网络中最重要的神经递质无疑是多巴胺，但还有其他信使，如血清素、肾上腺素、内啡肽和皮质醇，也发挥着作用。

多巴胺

多巴胺是我现在写这本书的"罪魁祸首"。作为神经科医生，我主要的工作是治疗运动障碍患者。让我感到震惊的是，一些从未有过创造性"才能"的帕金森病患者告诉我，他们已经开始写作、用黏土雕刻、绘画或设计装饰物。另外一些从事创造性工作的人（不要只想到艺术家，还要想到那些需要不断思考创造性解决方案的领导者）告诉我，他们的风格已经改变，他们认为自己在工作中更加清醒，更有创造力。一位患者甚至告诉我："我知道我病了，但我从未感觉自己如此有创造力。"

为什么会这样？作为神经学家，我们在想我们在患者身上看到的创造力增强是否是疾病本身的结果——就像在某些痴呆症患者身上发生的那样，还是与我们使用的治疗方法有关。帕金森病患者出现运动问题的主要原因是缺乏多巴胺。因此，我们使用任何药物的目的都是恢复这个大脑信使的水平。如今我们知道，通过增加前面提到的某些成分可以增加多巴胺，从而增强患者的创造力。[24]

多巴胺是遐想或幻想过程中的主要信使。它帮助我们识别

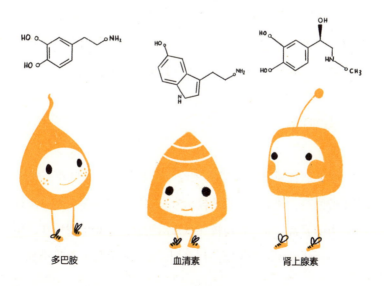

多巴胺　　　　　　　血清素　　　　　　　肾上腺素

新事物（通过降低潜在抑制作用和通过D2型纹状受体）、增强想象力、激发好奇心和寻求新奇的行为、增强心理联系和发散思维的能力。[25]多巴胺在积极的激励系统中也起着至关重要的作用。我们已经看到，在我们达到目标时它会向大脑发送奖励信号，它可以增强创造力。通过以上这些发现，人们正在研究与多巴胺及其受体代谢相关的基因，试图发现创造力的遗传结构。

这些都听起来很好，你可能在想增加多巴胺水平会很有趣。正如我们刚刚讲到的，你可以在毒品和某些药物的构成成分中看到它。但是，药物的使用是一把双刃剑，因为如果前脑缺乏多巴胺，人们就会变得冷漠和缺乏动力；但是，如果多巴胺过量会导致人们（对性、赌博、食物、爱好）上瘾。事实上，一些接受多巴胺治疗的帕金森病患者沉迷于他们的创造性爱好，并将一天中的大部分时间（有时甚至是晚上）都投入这项活动中，这必然会造成一系列的个人和家庭悲剧。

内啡肽

多巴胺能系统（将基底神经节纹状体核与额叶皮层联系起来的回路）调节我们的奖励信号，奖励信号是激励我们维持创造力的要素，我们的身体还依靠麻醉系统来调节我们在达到目标时所感受到的满足感。许多用于止痛的药物，如吗啡和其他一些毒品——海洛因，都是镇静剂。这些物质让人们避免了大量的疼痛（在周围神经系统层面）并产生愉快感（在中枢层面），因此很容易被滥用。幸运的是，我们有一个内在的麻醉系统，它由垂体分泌的被称为内啡肽的小蛋白质组成。它们负责愉悦感。例如，尽管跑完一场马拉松后全身疼痛，但是这时愉悦感会侵入跑步者的身体中。一些人表示，在最后几千米，他们开始感到一种无与伦比的舒适，使他们在到达终点线后（甚至数小时后）仍然处于一种愉快的恍惚状态。同样，在完成了一项努力了好几个月甚至好几年的艰难的创造性工作——得以完成排版、研究实验，或者得以交付这本书去印刷——后，我们的内啡肽和多巴胺水平上升到最高。这些愉悦的感觉"让人着迷"，它们的记忆驱使跑步者继续奔跑，也促使他们开始下一个项目，寻求再次感受那种感觉。是不是有点儿像上瘾？发人深省。

血清素

我们之前讲过，还有一个消极的动机系统，它不惜一切代价想要避免惩罚。该系统使用血清素作为其主要信使。血清素从产生它的脑干（在中缝核中）传播到整个大脑和身体。和多巴胺一样，它具有多种功能，一些与智力过程有关，如注意力和记忆，而另一些功能对睡眠和心情也同等重要。它甚至还有中枢神经系统以外的功能，因为它在消化系统、骨代谢和凝血系统中发挥着重要作用。

在创造过程中，血清素是平衡情绪的关键，它帮助我们面对可怕的刺激（如惩罚），调节我们承担风险的能力并促进我们对新奇事物的探索。[26] 如果血清素过量，会导致我们冒太多风险，工作变得更加粗心。相反，缺少血清素会增加消极动机（惩罚会让我们更加害怕）并产生焦虑、紧张和失眠的症状。因此，许多抗抑郁药具有提高血清素水平的基本作用。

你有一个新想法时，你就是一个少数。作为少数总是不舒服的，这需要勇气！

——埃利斯·保罗·托兰斯

肾上腺素

肾上腺素是创造性神经网络中的另一种神经递质，它主要的功能是控制大脑警觉系统。肾上腺素（在网状结构和丘脑中分泌）从脑干移动到额叶区域来提醒我们。肾上腺素神经系统在危险情况下会被完全激活，这时，我们需要保持绝对警惕和百分之百的敏捷。我们睡觉的时候，这个系统被关闭，肾上腺素处于低水平。如果白天我们的肾上腺素不足，我们就会昏昏欲睡，缺乏活力。一些抑郁的人肾上腺素水平低，因此整天坐着不活动。一些抗抑郁药物会提高血清素和肾上腺素水平，试图"唤醒"并激活抑郁的人。

反之，如果肾上腺素水平提高太多，我们就会失眠和焦虑，甚至惊恐发作。人们在对于动物的研究中发现，高水平的肾上腺素不会促进创造力；事实上，它降低了头脑灵活性，使反应更快、更刻板。[27]据了解，在危险的情况下（例如，一只危险的狮子正在接近我……），从进化角度看，最合乎逻辑的做法是迅速反应，即使是像跑开这种典型的反应。如果我们停下来思考并寻求创造性的解决办法（如果我爬到这棵树上，我可以把那些树枝当作跳板！），我们很可能最终落入狮子的嘴里。再一次，我们看到肾上腺素的过量或缺乏对创造力都没有好处，但合适剂量的肾上腺素让我们保持警觉（但不是过度警觉），这对创造是很理想的。

现在我要告诉你一个好消息：神经科学家已经发现了自然并且没有风险的方法来保持多巴胺、血清素和肾上腺素的最佳水平，以增强你的创造力！我们将在第四章探讨这一点。

皮质醇

大脑持续地与身体交流，刺激不同的器官分泌多巴胺、血清素和肾上腺素。肾上腺（位于两个肾脏上方）负责制造肾上腺素和皮质醇并将其释放到血液中以应对压力。不要忘记，肾上腺素是让我们保持警觉的信使，但它过量会导致焦虑。而皮质醇负责提高葡萄糖水平（糖是我们的主要能量来源），它调节我们的免疫系统和生理节奏，还有我们的警觉状态。如果你觉得自己生活在一种长久的压力状态中，那么你的肾上腺很可能在加班。

几年前，一组研究人员发现了两个在大脑和肾上腺之间进行通信的神经网络（出于好奇，我告诉你们，他们使用了狂犬病病毒来追踪这些网络的神经元之间的通信）。[28]其中一个网络涉及大脑运动区域的枢纽（那些负责身体移动的区域，如运动皮层、辅助运动区和启动子区），并将这些枢纽与肾上腺素和皮质醇的分泌连接起来。另一个网络稍小一些，它将思维区域（内侧前额叶皮层，本书中多次提及的区域）和情绪区域（前扣带回）与这些腺体连接起来。肾上腺素和皮质醇可以调节我们的压力，而以上发现的这些神经网络让我们看到运动大脑和情绪大脑之间的联系。体育锻炼（跳舞、跑步或瑜伽）真的可以帮助我们减轻压力吗？我们可以利用刚刚讲过的有关这些神经网络的知识从神经生物学的角度来进行探讨。[29]如果运动可以减轻压力……我相信你已经想到了……是的：运动可以提高创造力，我将在第四章向你说明。

什么是创造力？持续变化的大脑连接加上恰到好处的激素水平。

——莫妮卡·库尔缇丝

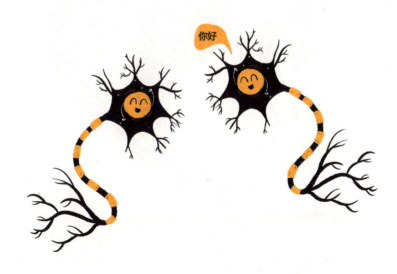

参考文献

1. Harari, YN. *Sapiens De animales a dioses*. Barcelona: Debate, 2014.

2. Simkin, B. «Mozart's scatological disorder». *British Medical Journal*. 1992; 305: 1563-7.

3. Adrià, F. «Chemistry in the kitchen. Interview by Jascha Hoffman». *Nature*. 2009; 457: 267.

4. Gable, SL et al. «When the Muses Strike: Creative Ideas of Physicists and Writers Routinely Occur During Mind Wandering». *Psychological Science*. 2019; 30: 396–404.

5. Beaty, RE et al. «Creativity and the default network: A functional connectivity analysis of the creative brain at rest». *Neuropsychologia*. 2014; 64: 92-8.

6. Dietrich, A. «The cognitive neuroscience of creativity». *Psychonomic Bulletin Review*. 2004; 11: 1011-26.

7. Baird, B et al. «Inspired by Distraction: Mind Wandering Facilitates Creative Incubation». *Psychological Science*. 2012; 23: 1117-22.

8. Diamond, A. «Executive Functions». *Annual Review of Psychology*. 2013; 64: 135-68.

9. Goldberg, E. *Op. cit.*

10. De Souza, LC et al. *Op. cit.*

11. Mednick, S. «The associative basis of the creative process». *Psychological Review*. 1962; 69: 220-2.

12. Sawyer, K. «The cognitive neuroscience of creativity: A critical review». *Creativity Research Journal*. 2011; 23: 137-54.

13. Scott H, Von Stumm S. «Imagination». En: Zeigler-Hill V, Shackelford T, eds. *Encyclopedia of Personality and Individual Differences*. Cham: Springer; 2017.

14. Lauring, JO et al. «Why would Parkinson's disease lead to sudden changes in creativity, motivation, or style with visual art?». *Neuroscience & Biobehavioral Reviews*. 2019; 100: 129-65.

15. Chavez, RA. «Imagery as a core process in the creativity of successful and awarded artists and scientists and its neurobiological correlates». Frontiers in Psychology. 2016; 7: 1-6.Bink ML, Marsh RL. «Cognitive Regularities in Creative Activity». *Review of General Psychology*. 2000; 4: 59-78.

17. De Souza, LC et al. *Op. cit.*

18. Beaty, RE et al. «Creative Cognition and Brain Network Dynamics». *Trends in Cognitive Sciences*. 2016; 20: 87-95.

19. Roskes, M et al. «Necessity is the mother of invention: Avoidance motivation stimulates creativity through cognitive effort». *Journal of Personality and Social Psychology*. 2012; 103: 242-56.

20. Flaherty, AW. «Homeostasis and the control of the creative drive». En: Jung RE, Vartanian O, eds. *The Cambridge Handbook of the Neuroscience of Creativity*. Cambridge; 2018: 19-49.

21. Flaherty, AW. *Ibidem.*

22. Dietrich, A. *Op. cit.*

23. De Dreu, CKW et al. «Hedonic tone and activation level in the mood-

creativity link». *Journal of Personality and Social Psychology*. 2008; 94: 739-56.

24. L'Hommée, E et al. «Dopamine and the biology of creativity: Lessons from Parkinson's disease». *Frontiers in Neurology*. 2014; 5: 1-11.

25. Flaherty, AW. «Frontotemporal and dopaminergic control of idea generation and creative drive». *Journal of Comparative Neurology*. 2005; 493: 147-53.

26. Flaherty, AW. «Homeostasis and the control of the creative drive». En: Jung RE, Vartanian O, eds. *Op. cit.*

27. Flaherty, AW. *Ibidem.*

28. Dum, RP et al. «Motor, cognitive, and affective areas of the cerebral cortex influence the adrenal medulla». *Proceedings of the National Academy of Sciences*. 2016; 113: 9922-7.

29. Dum, RP et al. «The mind-body problem: Circuits that link the cerebral cortex to the adrenal medulla». *Proceedings of the National Academy of Sciences*. 2019; 116: 26321-8.

第三章
破坏者

瓶颈：为什么会遇到瓶颈以及怎样走出瓶颈

规则陷阱

循环思维

创造力的"兴奋剂"

现代神经科学不仅发现了能够激发创造力的大脑功能，还逐渐展示了破坏创造力的大脑过程，这一点我们已经在第二章讲过。我们都了解站在一张白纸或一张空画布前需要做出一些有创意的东西时所感受到的压力。创造瓶颈是一种真正的威胁，它像乌云一样笼罩在我们的头顶。有时，内心的判断是我们最大的敌人，我们会陷入循环思维。或者因为过于重视外部规则，我们最疯狂、最难以置信……最有创意的想法会受到限制。因此，人尝试寻找冲破阻碍的捷径。人们发现了一些可以改变精神状态的植物后，激发创造力的兴奋剂随之产生，它们可以帮助人们打破常规、增强原创性的联想。于是，许多人开始对兴奋剂产生依赖，接下来，我们将会看到一些有效且健康的建议来借助神经科学战胜寻求创造力时所面临的一些阻碍。

瓶颈：为什么会遇到瓶颈以及怎样走出瓶颈

空白页、裸体人体模型、准备好的工作材料……它们在呼唤你……但你甚至不想靠近，因为不会有任何结果！你在那里，凝视着，感觉你在绞尽脑汁；你确确实实觉得你在"挤压"自己的大脑以寻找一些创意……但是……什么都没有。你的大脑似乎和你面前的画布一样呆滞和空虚。你遇到了创造瓶颈。

作家瓶颈被定义为无法开始或继续写作，是神经科学领域研究最多的创造性瓶颈。它的意义可以延伸到任何创造性瓶颈

上，在神经学术语中被称为创造抑制。[1]每个创意都或多或少地遇到过这种困难。它可能会变得特别极端，以至于令人们放弃了自己的职业生涯。比如，知名作家哈珀·李（Harper Lee）在1960年出版了她的传奇小说《杀死一只知更鸟》（*To Kill a Mocking Bird*），并凭借该小说获得了普利策奖，之后保持了长达55年的沉默。

为什么会发生

导致创造抑制发生的最常见的原因是情绪波动（如我们在第二章讲过的抑郁和焦虑）、压力、缺乏灵感、徘徊和恐惧。你肯定有过这样的经历，在压力下工作自由联想会受到限制，却有利于某些工作的执行。截止日期的压力会增强执行性创造过程（自主创造，记得吗？）中所需的某些脑力成分，如注意力和工作记忆。当我们在会议上必须提出一项行动计划时，执行网络就会启动，它肯定是有效的，因为迟早（有时是几个小时后）我们会完成任务离开会议室，尽管筋疲力尽，但方案已经设计好了。

在个人工作中，压力以类似的方式运作。比如我自己，在我写这本书时，我在考虑到截止日期的情况下集中所有的注意力，最大限度利用好时间。然而，压力——无论是截止日期还是资金，抑或其他方面的压力——都会限制灵感。正如我们在

第二章所讲过的那样，我们做白日梦后，灵感就来了：这是我们所有的"天线"都在捕捉刺激的时刻。我们在记忆中穿行，想象各种场景并把遥远的想法连接起来以创造新的和不同的东西。为了在我们自己体内进行这一旅程，我们要放开自我、消磨时间、让自己无聊、心不在焉。压力会扼杀这个创造过程，使遐想网络关闭。

创造力不会等待完美的时刻，它会在日常生活中创造出最完美的时刻。

——布鲁斯·加布兰特（Bruce Garrabrandt）
艺术家

精力分散

各种各样的精力分散也会扼杀创意，产生阻碍。宇宙在你的脚下：探索你想要的，准备好各种各样的颜色，想象任何舞蹈或旋律……你可以成年累月地探索，如果你疏忽大意，可能过了很多年你还没有创造出任何有创意的东西。正如我们在第二章讲到的那样，对充满可能性的世界持开放态度是产生想法的重要推动力，但是如果认为我们拥有用之不竭的时间，创意成果就可能永远无法面世。要执行一个想法，必须限定和设计一个工作框架。我们不仅要设定截止时间，还要限定内容：选择将哪些内容留下，将哪些内容排除在外。有些人在做决定时会遇到阻碍，可能是因为害怕做出错误的选择。只要你不做决定，你就不会犯错误，但你也不会进步。

完美主义和拖延症

是的，当我们可以自由自在地做梦，或在工作中失去方向时，我们的创造力就会自然而然地涌出。但是，我们所有人都有过推迟自己"面对"某个创造性工作的时候。为什么会发生这样的事情？一些作者认为完美主义会助长拖延症。当完美主义帮助我们提高自己并从错误中吸取教训时，它是一种健康的性格特质。但是，如果目标变得无法实现并且开始困扰我们，它就是一把双刃剑，任何失败都变得难以忍受。达不到完美状态的恐惧会让你停滞，甚至无法开始工作，从而竭力使自己避免"接受审判"（"内部审判"，因为完美主义者对自己比对他人更严格）。

另一种助长拖延症的态度是把问题归罪于外部因素（可能是这个老师不喜欢我，或者是强加的截止日期），这样就可以在自己受到影响时为自己开脱了。这种消极的态度会导致事情拖延，却没有采取任何行动来解决。

恐惧

几年前，畅销书《美食、祈祷和恋爱》（*Eat, Pray, Love*）的作者伊丽莎白·吉尔伯特（Elizabeth Gilbert）在一次TED[①]演讲中谈到，在写完那本书之后，她觉得无法再写任何东西了。她的成就如此巨大以至于她受到了阻碍。她害怕让公众失望。这被称为<mark>死于成功</mark>（可能这正是发生在哈珀·李身上的情况）。吉尔伯特还讲到，这种感觉是如何带她回到成为一名有抱负的作家的起点上的。那时她为了能吃饱饭在餐厅做服务员，每天不停地收到出版社的拒绝信。在上述两种情况中，她的主要问题都是自己对于失败的恐惧。因为无论她是否成功或有没有人认识她都不重要：阻碍创造的是对达不到预期目标的恐惧。

究竟什么是恐惧？恐惧被定义为一种急迫的危险感，它的产生有生理和进化方面的原因。人在恐惧时肾上腺素会猛烈释放，使他能够在<mark>战斗或逃跑回应时</mark>迅速做出反应［在英语中称为fight or flight response（战斗或逃跑反应）］。如果我们的生命遇到危险，我们可以用前所未有的力量来保护自己，甚至能跑得像尤塞恩·博尔特（Usain Bolt）那么快。

[①]　TED（指technology, entertainment, design在英语中的缩写，即技术、娱乐、设计）是美国的一家私有非营利机构，该机构以其组织的TED大会著称。——编者注

有创造力的人类，像其他动物一样，在害怕失败时会很自然地做出反应，朝相反的方向跑。这种回避性的行为产生的效果让我们感觉像被注射了麻醉剂一样，因为害怕我们变得麻痹，我们无法投入工作，如坐下来写作、画画或作曲。或者我们会做一些不太认真、不太投入的尝试。这样，就算失败了，我们也能"心安理得"：这是因为我没有投入很多时间或者没有足够努力，等等。

　　为什么会害怕失败？有时是外部的声音在说你的想法太疯狂了，没有效果，没有任何作用；有时你自己也会在内心这样告诉自己。不论哪种情况，你的大脑都会卷入这些想法中，有时它们还是非常有道理的（但是，你怎么能立刻就将时间投入这件事上呢？你从来都没有研究过！这个都从来没有见过！等等）。这些道理都变成了借口……一次又一次。

创造力最强大的敌人是犹豫不决。

——西尔维娅·普拉斯（Sylvia Plath）

完美主义会加强恐惧，恐惧会助长拖延症，拖延症会增加（放弃的）借口和助长"受害者主义"……所有这些破坏者都会分开或集体行动，产生一种会抑制创造力的有害物质。那么，请你停下来想一想：你是否认同其中的某些观点？是否上面讲到的某种情况曾某次（或多次）在你身上发生过？如果是这样，为什么你认为会发生在你身上呢？你怎样改变它？请在下面写下来：

_____

_____

_____

_____

_____

怎样走出瓶颈

创造力瓶颈的产生可能有不同的原因，因此最重要的是找出在你开始要走出瓶颈时最能阻碍你的那个原因。有可能不总是同一个原因，因此每次你都要分析当下的情况，并采取最好的解决办法来走出瓶颈。

创造力瓶颈会引起压力和焦虑。在心理学上，焦虑被定义为由弥散性的、不确定的威胁造成的一种持续的警惕状态，因此没有规定的范围（这使焦虑更难控制！）。无论是哪种情况，人在充满压力和焦虑时许多神经元和我们大脑的很大一部分（毫不夸张）都会被消极情绪占据[3]，几乎没有留下多少空间和精力去做其他事情，更不用说创意项目。它是一种咬住自己尾巴的鱼，所以最好尽快打破这个恶性循环。

实用建议

站起来。离开电脑，走出书房，彻底远离工作。把所有积攒的压力放到一边。大喊，跑起来，把音乐的音量放到最大声……

你再次坐下来，但是你的大脑还卡在"我星期四必须上交这项任务。天啊，好累！我什么也想不出来"等问题上。这是你的焦虑网络在活动。是时候使用你大脑的灵活性来把注意力转移到另外一个地方了，进行一种有意识的转换来减轻压力。据推测，执行网络的背外侧前额叶皮层可以减少焦虑。[4]因此，想一个简单的动作来执行和开始。

实用建议

每个人都知道最能让自己分散精力的是什么：可能是玩电子游戏，出去跑步或做家务，比如把蔬菜切成特别小的块或者熨衣服。基本上，它们都是一些非常简单却需要很多注意力的行动（如果你不注意，你可能在游戏中被消灭，或者可能会用刀伤到自己），从而不给这些制造焦虑的想法留一点儿空间。对我个人而言，整理衣柜（你不知道多亏这本书我的衣柜有多整齐！）和照看植物可以帮助我减少焦虑。

虽然压力也会阻碍创造力，但是当你的头脑冷静的时候，你可以研究背后的情绪和感觉。很可能你会突然发现某个灵感的来源。

实用建议

向里面看，看你的内心世界，探究你的焦虑背后有什么？或许是愤怒（因为，当然，"如果我早一点儿开始"，或"如果某某把我要的草稿给了我"，或……）、恐惧（"如果我不交这个，我就会挂科或者被开除""如果他不喜欢……"）、脆弱，等等。你要大胆地直面这些感觉，做好准备，看看这些感觉会把你带到哪里。

你又遇到阻碍了，但是你发现自己既没有特别焦虑，也没有恐惧，你也没有拖延。也就是说，实际上，除了试图工作你什么也没有做，但是你什么想法也没有。在这种情况下，是执行网络在你的大脑中活动。利用好它！

实用建议

利用好活跃着的大脑网络。我们知道执行网络是我们用来编辑、更正、润饰、提炼的网络……充分利用时间来处理你已经完成的部分，进行详细说明、深化或纠正。你可能会看到自己在另一项工作中取得进展，这可能不是你最初计划的工作，但这有助于你走出瓶颈。有时，在不知道怎么做的情况下，你完成了修改，新的想法就会自己出现。

你被封锁住，可能是因为你有太多的想法了，你不知道从哪里开始。你一直在探究、调查、准备，你写了上百页的笔记或草稿……你只需要迈出第一步并开始行动。避免精力分散，激活你的收敛性思维。选择一个想法，与它殊死搏斗。你已经完成了最难的部分。再开始设置一个界限。现在继续使用你的执行网络，组织你的工作。

实用建议

做一个日历。把工作分成几部分，写下完成工作的截止日期。一定要是现实的时间（我们都知道"现实"想表达的意思：既不要太紧迫，也不要太松弛，而是完成这个工作真正需要的时间）。

有些时候，我们遇到瓶颈，是因为实际上我们没什么可说的。我可以坐在电脑前，开始思考："我要从神经科学的角度来写创造力。"但是，我对这个问题了解得不多，写不出来什么东西。同样，这也可能发生在不知道想要传递什么想法的艺术家或者不清楚想要讲述什么故事的作家身上。很明显，你并不需要提前了解一切，但是对于你想在创造性工作中展示的想法，你必须要有一个简要说明。

实用建议

这是承认你的大脑一片空白的时候，因为你没有明确的想法。是时候开始读书、学习或者在你习惯的材料中寻找灵感了；甚至，或许你需要研究新的材料。

终于到了最后一个也可能是最让人恐惧的（没有更好的说法）遇到阻碍的原因了。经过大量自我分析，你意识到你害怕失败，这阻碍了你前进。无论是因为你太看重别人的意见，还是因为你质疑自己的能力，抑或是出于其他任何原因，恐惧都会阻碍你全身心参与到你的创造性工作中。

实用建议

你来决定什么对你最有效果，是对失败的恐惧还是对创造性工作的热情。如果你认为是后者，你将超越自我（因为，最终，对失败的恐惧是自我的问题），你会发现自己享受创造的过程而不是注重结果。

"啊，我遇到了创造瓶颈。""啊，我要等我的缪斯。"说出来这些很简单。我会说："把缪斯绑到你的书桌上，去完成你的工作。"

——芭芭拉·金索沃（Barbara Kingsolver）

作家

规则陷阱

1831年，巴尔扎克（Balzac）写了一篇短篇小说，几年后才有了现在的标题：《不为人知的杰作》（*Le chef-d'oeuvre inconnu*）。这个作品反映了每个时代的社会规范对创造力和新思想的破坏可以到什么程度。主人公是一位名叫弗伦费尔（Frenhofer）的画家，他向他的朋友普桑（Poussin）坦白，在工作十年之后，他在试图画出一个美丽的女人这一问题上遇到了瓶颈。普桑让弗伦费尔用自己的爱人来当模特，并说服弗伦费尔在完成后向他展示自己的杰作。期待已久的日子终于到了，普桑与另一位画家一起来欣赏这幅作品。他们来到画布面前，却只在混杂的色彩和线条中看到了一只脚。观赏者们笑得够呛，并声称弗伦费尔疯了。弗伦费尔在同一天晚上神秘地死了。

多么有戏剧性，是不是？我更愿意探出头去，看看弗伦费尔画的这位美人的第一幅抽象肖像图。但是，我们永远也看不到了，因为画家无法忍受他同僚们的看法。令人欣慰的是，一个世纪之后，毕加索迷上了画中的人物，把这个故事画了出来。另外，毕加索还搬到了巴尔扎克笔下人物住过的地方，巴黎大奥古斯丁街（rue des Grands Augustins）7号，并在那里创作了《格尔尼卡》。[5]在这种情况下，创造力胜利了，一个失败的大师级作品造就了另一个大师级作品。但是，由于规则的束缚，我们错过了多少创意？

破坏性的规则

这个故事展示了每个时代的规则和看法是如何破坏创造力的。我们可以直接想到，如果一个人能够摆脱规则和社会常规，抛开情感的束缚，他就更容易有新颖的想法。我们可以在孩子、怪人和一些患有神经退行性疾病的人身上看到这种情况。孩子在他们的画中描绘他们对于社会规则或对大自然的自由的想象（为什么他们会画蓝色的草？）另外，一些额颞叶痴呆患者能够发挥他们患病之前没有的创造力。[6]通俗地说，儿童和老人没有过滤器。事实是，这种去抑制背后的神经生物学本质才是原因。外侧前额叶皮层是负责过滤想法并将这些想法与学到的（社交、家庭、工作等）规则进行对比的大脑区域。这个区域在儿童时是不成熟和不发达的，而在患者身上是萎缩的。

如果你还记得，在第二章我们讲过前脑分成具有不同功能的区域。有创造力的人能将前额叶皮层保持在合理范围内，并且根据需求启动相应区域。在"头脑风暴"模式下，启动内侧前额叶网络（就在鼻子后面），根据相关定义，这意味着绝对的自由和判断。当我们需要的时候，根据设定的规则启动隔壁的用于过滤的侧边区域：在提出的多个想法中选择出最好的，并制定细则或规划进度。

> **实用建议**
>
> 　　值得注意，究竟是你的内在规则（在你耳边有这样的声音："但是，我怎么会遇到这样的事情？"）还是其他人的看法（"但是，你怎么会遇到这样的事情？"）会限制你的想法。摆脱这些规则的第一步是注意到它们是实现创造性目标的阻碍。

　　作家是教自己的大脑不好好表现的人。

——奥斯卡·王尔德

选择性眼光

　　一个经典的话题，<mark>怀孕的人</mark>突然会看到自己身边有很多女人都是孕妇。有可能是小区里的怀孕率上升了吗？是的，有可能，但是可能性很小。最令人容易接受的解释是像怀孕这种身体状态的变化会使她们的注意力转向其他与之有同样状况的女人。同样，想要买某样东西——如牛奶——的人会发现他周围有许多他之前没注意过的卖牛奶的地方。我们都有过这样的经历：路过一个地方好多次，突然，第一次注意到这个地方，并想："哎呀，原来就在这里！"我们目光看到的地方、我们注意到的东西，归根结底，是我们从外部捕捉的。

我们的外部天线受教育、兴趣、已有经验等因素的限制。总体来讲，我们无法捕捉整个外部世界，而是持续地过滤它。过滤是必要的，以保护我们的大脑不会因为信息过多而产生神经短路。我们的 选择性注意力（在神经科学术语中被称作认知集中）的目标正是这个：选择我们感受到的刺激，丢弃其他不重要的刺激，从而能够安排我们自己的工作、不分散精力、优先排序，等等。然而，这种选择性眼光也会让我们付出代价：我们错过一些东西。有可能注意一下周围的外部环境，我们脑袋中的问题就会有答案了，虽然答案就在那里，但是我就是看不到。那些有注意力缺陷的儿童注意力范围更广，几乎能捕捉包围着他的一切事物，而且有一些研究表明，他们更有创造力。[7]

　　毫无疑问，选择性注意力对激发创造力有一定的作用：有利于工作记忆，并且是驱动发散性思维和收敛性思维的执行网络的一部分。但是，有时，范围更广的注意力是灵感的源泉，这样的注意力带有可以过滤不寻常的刺激的孔洞。这叫作分散性注意力，是遐想网络的特点，能增强联想力。那么，现在是你停下来思考的时候了，你走路或者坐公交车时，你有哪种注意力：你观察周围并记录发现的细节了吗？还是把头扎进了手机里？

实用建议

　　这个世界和世界上发生的事情是你不能错过的最大的创意灵感源泉。你要时刻注意到你需要哪种注意力，使用你的头脑灵活度来聚焦或者虚化你的镜头。

循环思维

　　想象一下你乘坐一台时光机器，降落在19世纪的一个办公室里。你看到一个写字台，上面有一张羊皮纸，还有一个装着黑色墨水的容器，旁边摆着一支又大又长的羽毛。虽然你从来没有使用过羽毛笔写字（甚至没有用过钢笔），但你立刻会意识到这只羽毛是用来写字的。你是怎么知道的？因为我们的大脑就是这么聪明。大脑能够接收信息并把新信息与我们已有的知识进行比较。大脑会根据已有知识按照相同的特征对事物进行分类：我们有动物类、汽车类、用具类、家具类，任何一种你能够想到的东西都有分类。

大脑按模式思考

　　大脑得出"书写工具"的结论，是因为大脑各个部位中的神经元放电，主要在左脑，这些神经元一起构成一个功能单元。今天，我们可以通过不同的技术，如测光法、功能性脑磁共振成像或正电子发射X线断层扫描看到（毫不夸张，就像科幻电影中超级英雄可以透过头骨看到的那样）这些神经元网络。我们甚至可以通过脑电图或脑磁图来测量它的电活动。

我们是相对脆弱的动物，而大脑是我们最好的防御工具，大脑皮层不断进化以在毫秒内识别类型、分类信息：正在靠近的这个东西是危险类的动物（一头饥饿的狮子），还是不危险类的动物（一只吃草的长颈鹿）。如今人类可能遇到的危险与以往是不同的，但是，反应**迅速**，是同样或者更加必要的。我们如何这么快地识别

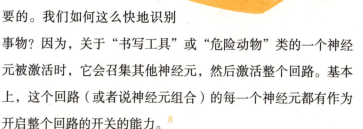

事物？因为，关于"书写工具"或"危险动物"类的一个神经元被激活时，它会召集其他神经元，然后激活整个回路。基本上，这个回路（或者说神经元组合）的每一个神经元都有作为开启整个回路的开关的能力。[8]

为什么跟你们讲这些？这和创造力有什么关系？因为按类思考是有益的，它帮助我们快速有效地理解我们周围的世界。但是这个如此有效的系统也有缺点，因为它迫使我们把感知到的东西"分类装箱"……但是还有我们想象的东西。因此，我们的自然趋势是按照某种思维模式思考一样东西，我们很难**"跳出框架思考"**（英文叫作"think outside the box"）。如果

你还记得引言中看到的谜题，比如囚犯的问题，或许你会发现一个想法中有许多不同的变数（比如：绳子短，必须垂到一扇窗户，或者翻筋斗，或者……）。

现在我给你出一个谜语："如果有一场动物比赛，谁是最后到（终点）的？"你首先做的可能是，把所有你知道的跑得慢的动物都列出来：蜗牛、乌龟，等等。但是我对每一个的回答都是："不是""不是""不是"……现在我给你一个线索，这是一种海里的动物。或许这时你灵光一现，你改变了思维模式，也不知道怎么回事，你想到了答案："啊，海豚（delfín）。"（del-fin在西班牙语中的意思是最后的，所以海豚是最后到的）。

知道我们什么时候面临着问题、什么时候思路被卡住了、什么时候一次又一次做的都一样或者类似，这很重要。循环思维会破坏创造力。必须停下来向后一步，这样，我们才能关闭正在主导我们思维的那个网络并激活另一个网络。

实用建议

先把问题放下来。是时候出去散个步、做运动、做你最喜欢的蛋糕，或者轻轻松松地洗个澡了。去做任何你知道的能够帮助你断开连接的事情。因为我们说的正是这个，"断开连接"，关闭习惯性运行的网络，这些网络会阻碍我们用新目光看事情。这些根据已知模式建立的网络一关闭，我们就可以开始寻找新的思维方式。

毫无疑问，创造力是人类最重要的资源。没有创造力就不会有进步，我们会一直重复相同的模式。

——爱德华·德博诺

创造力的"兴奋剂"

　　瘾品和创造力的联系可以追溯到西方殖民年代，以及贩卖烟草、茶叶、咖啡、鸦片、古柯和大麻的商业路线。伴随着蒸馏酒的出现，人们发现了这些植物的特点，这使一些作家、音乐家和画家使用"兴奋剂"，试图通过这些物质提高自己的创造力。从一些英国的浪漫主义诗人——济慈（Keats）或爱伦·坡（Poe）——滥用鸦片开始，到19世纪末一些画家在巴黎服用苦艾酒——想想图卢兹·罗特列克（Toulouse-Lautrec），再到20世纪中期一些小说家滥用酒类——福克纳（Faulkner）、海明威等，著名的爵士音乐家吸食海洛因——查理·帕克（Charlie Parker）和雷·查尔斯（Ray Charles），20世纪60年代垮掉的一代服用安非他命——凯鲁亚克（Kerouac）、柏洛兹（Burroughs）和他们的同伴，20世纪70年代的纽约艺术家安迪·沃霍尔或时装设计师侯斯顿（Halston）对可卡因和酸类上瘾，埃尔维斯·普雷斯利（Elvis Presley）、吉米·亨德里克斯（Jimi Hendrix）、吉姆·莫里森（Jim Morrison）等很多人成为真正意义上的"英洛托夫鸡尾酒"（混合着各类精神药物）的毫无节制的消费者，更惶论欧洲现代早期艺术家经常光顾咖啡馆（毫无疑问，最著名的那些在阿姆斯特丹）；还有不同时代、世界各地、不同艺术界的创作者，一直都有他们最爱的"毒品"（甚至有时将服用它们定义为一个群体）。

传统上，人们把致幻药物的使用与华莱斯创作过程的初始阶段（见引言）联系在一起：孵化和可视化，其中想象力、联想能力和发散性思维起着至关重要的作用。[9]此外，创造力的"兴奋剂"（从咖啡因到可卡因等效果更强的物质）对于评估和构思所产生的想法和收敛性思维更有用。然而，神经科学在证实这些假设上还处于起步阶段，研究仍然有限。我们有一些酒精和大麻起到相关作用的数据。

当今时代的特点是存在许多种瘾品——天然的或合成的，它们可以改变精神状态并影响与创造力相关的大脑网络。一些用于神经系统疾病和精神疾病的药物可以增强创造力，当然，这些可以在药店凭处方购买。另外，任何年满18岁的人都可以接触酒精，这是对神经元损伤最大的合法瘾品，但许多人将其用作创造力的"拐杖"。如何管理这个创造力感应器的市场？我的观点是信息就是力量，所以在这里我告诉你可能性的范围，以及相关的好处和风险。你要明确地知道，酒精和其他滥用药物在任何创意方案中都不是很好的精神旅行伴侣，而且会导致偏航。

我不愿意在任何人面前为毒品、酒精或疯狂做辩护，但是它们对我确实有用。

　　——亨特·斯托克顿·汤普森（Hunter S. Tho mson）

　　美国记者、作家

药店销售

　　我们曾在第二章讲过，用于治疗抑郁症的药物，如血清素再摄取抑制剂，可以降低焦虑、恐惧、厌恶和羞耻的水平。因此，那些面对其他人的看法而自我封闭的人在变得更有创造力时可能会得益于这种药。然而，这些药物也会降低性欲、积极动机并导致其变得冷漠。我有一位患者，她因为自己吃的药物的名字很拗口而感到沮丧，有一天她告诉我："我称之为'艾米普林'药丸，我之前吃过！"（对我来说，这表明可以换药了，因为我并不是要把谁变成"对什么都没兴趣的人"）。

　　精神兴奋剂，如咖啡因（除了咖啡和茶，现在还以药丸的形式出现）、莫达非尼（用于治疗嗜睡症）或右旋安非他命（帮助患有注意力缺陷和多动症的孩子），能提高警觉性和注意力水平。因此，当人们想要保持清醒并以清晰的思路进行创作时，这些药物很有吸引力。然而，对于没有任何潜在疾病的健康人，这些药物可以极大增加肾上腺素的水平，从而使其产生压力和紧张感……创造性活动的典型破坏者。

你是否记得在本书中我们一直在讨论多巴胺，因为它在创造力中起着重要作用。想到一些作用于这种大脑信使的药物似乎是合乎逻辑的。多巴胺受体激动剂可以增加动力，正如我们在帕金森病患者身上所见到的那样。[10]然而，产生过量多巴胺（在额叶回路中）的风险可能导致成瘾行为并导致真正的悲剧。不幸的是，我目睹很多由成瘾行为引发的悲剧：许多人因甜食成瘾而造成病态超重，许多夫妻由于病态地对性或游戏上瘾而分开，还有许多家庭因为在一段时间里强迫性和鲁莽购物而破产。我们将在第四章讲到，有一些自然的方法可以提高我们的多巴胺水平，而且风险要小得多。

酒精

通常，人们把酒精与"变得快乐"联系在一起，尽管它的作用与刺激大脑正相反，因为事实上，它会减慢所有大脑过程。它对创造力的影响是有争议的，因为酒精在各个层面都有作用。它可以增强人们关联远程想法、打破常规、走出循环思维的能力，从而促进自发创造过程和水平思维的发展。但是人们已经证明，酒精会降低脑力控制，从而降低工作记忆、

语言流利度和注意力，这些在执行创造性过程中非常重要
（自主创造过程）。[11]

　　酒精作用于外侧前额叶皮层，这里是过滤和判断想法的地
方，因此，它可以减轻那些妨碍创造力的规则所发挥的作用，
从而加强艺术创造力。正是这个机制使一些寻求灵感的创作者
得以成功。有些人认为这个机制可以帮助他们走出创作瓶颈，
可能是因为它减少了他们的自我批评。高度完美主义或自我要
求高的人可能会用酒精"自我治疗"以平息来自他们内心的批
评。一个有趣的现象是，美国诺贝尔文学奖得主中有五位，包
括前面提到的海明威和福克纳，都是酒鬼。[12]在许多研究酒精
与安慰剂对创造力的影响对比的实验中，与认为自己喝过安慰
剂的人相比，那些认为自己喝过酒的人给自己打的分数更高。

　　很明显，酒精的影响是暂时的，况且还有对神经伤害比较
小的方法可以减少固有规则和看法对创造力的影响。酒精会杀
死神经元（再说一遍，它会杀死神经元），并且持续饮酒会
抑制所有大脑过程，这一点已得到了广泛的认可和研究。从
长远来看，它会造成抑郁、动力降低、注意力和记忆力下降，
甚至会导致痴呆……一种不可逆转的痴呆（称为韦尼克脑病，
以纪念19世纪发现了它的德国神经学家和俄罗斯神经精神病
学家）。

大麻

大麻是另一种滥用药物，是艺术界中"享有盛誉"的创作灵感的源泉。它由被称为大麻二酚和四氢大麻酚（THC）的两种分子组成，通常是吸食。有一种从大麻中提取的商品化药物已被证明对止痛有效，并且关于它对焦虑、食欲不振和一些神经系统疾病（如帕金森病或抽动症）影响的研究与日俱增。但回到我们讲的话题，抽大麻对创造力有什么影响？首先要指出的是，我们还不清楚它的两种成分有什么不同效果。吸烟的直接影响是降低潜在抑制力，增加我们之前提到过的，在大脑深处核心（基底神经节的纹状体）与额叶大脑皮层之间进行交流的回路中的多巴胺。因此，一个人会感觉更有创造力。这可能导致物质依赖，如果不是身体上的，至少也是心理上的。因为这个人将变得有创造力与吸食大麻联系在了一起，过了一段时间，如果不先抽一根烟，就感觉无法创造。很容易看出，这种关联会导致上瘾。

然而，由于多巴胺受体调节的耐受效应，长期吸食大麻与偶尔使用的效果是不同的。最终结果是多巴胺水平下降，随之而来的是冷漠和缺乏动力。这种影响相对频繁，也许你认识一个很有潜力的人，但是由于长期吸食大麻而提不出任何想法。一些研究还表明，大麻会使发散性思维退化。[13]

我希望我已经说服了你，瘾品不是增强创造力的最佳选择。但是，加油！我们就要到第四章了，这里的练习既实用又健康，能帮助你激发你大脑的创造性。

一年宿醉300次之后，一个人会变成妄想狂。

——查尔斯·布考斯基（Charles Bukowski）

参考文献

1. Castillo, M. «Writer's block». *American Journal Neuroradiology*. 2014; 35: 1043-4.

2. Smeets, S. «Writer's Block as an Instrument for Remaining in Paradise».

3. Robinson, OJ et al. «The translational neural circuitry of anxiety». *Journal of Neurology, Neurosurgery, and Psychiatry*. 2019; 90: 1353-60.

4. *Ibidem.*

5. Goldstein, JL. «Balzac's unknown masterpiece: Spotting the next big thing in art and science». *Nature Medicine*. 2014; 20: 1106-11.

6. Miller, BL et al. «Emergence of artistic talent in frontotemporal dementia». *Neurology*. 1998; 51: 978-82.

7. Boot, N et al. «Creative cognition and dopaminergic modulation of fronto-striatal networks: Integrative review and research agenda». *Neuroscience & Biobehavioral Reviews*. 2017; 78: 13-23.

8. Goldberg, E. *Op. cit.*

9. Smith, I. *Psychostimulants and Artistic, Musical, and Literary Creativity*. Vol 120. Elsevier; 2015.

10. L'Hommée, E et al. *Op. cit.*

11. Benedek, M et al. «Creativity on tap? Effects of alcohol intoxication on creative cognition». *Consciousness and Cognition*. 2017; 56: 128-34.

12. Dardis, T. The Thirsty Muse. Nueva York: Ticknor & Fields; 1989.

13. Flaherty, AW. «Homeostasis and the control of the creative drive». En: Jung RE, Vartanian O, eds. Op. cit.

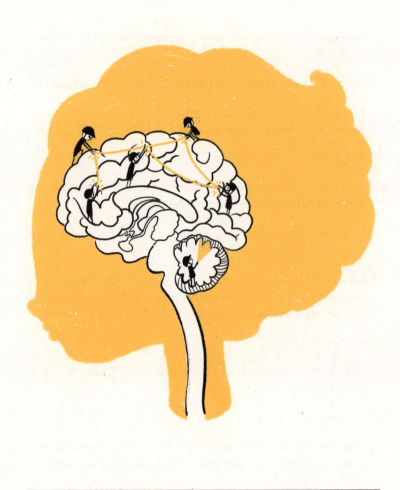

第四章
开始实践

到了这一步，你可能会想：好，我已经明白了有许多关于创造力的神话，但是神经科学表明我们所有人（我也是）都有变得有创造力的潜力。我学到了在创造过程中有两条重要且互补的大脑路径（我们在第二章讲过，"灵光乍现"和"埋首伏案"）；我们的大脑有许多不同的能力可以加强创造力，比如，工作记忆、灵活度、联想能力（为了记起这些，可以再回到第二章）；同样大脑中也有一些破坏者，比如，恐惧或自我批评，这些对创造力没有任何帮助（如同第三章讲过的那样）……我读过了神经科学专家关于创造力的看法的文章，但是，这对我有什么用？我可以变得有创造力吗？科学给你的回答是一个准确的"是"：是的，你可以激发你的创造力。这就是我们接下来要实践的内容。

科学证明

神经科学证明我们确实可以激发我们的创造力。这之所以会成为可能，是因为我们的大脑网络结构完善，同时组成它的神经元（神经元的启动和关闭取决于膜的渗透性和离子通道的状态）又让大脑网络十分有活力。最终结果是神经元具有可塑性而且是可变化的：它可以"在线"，也可以隐居后台；神经中枢之间的连接可以加强，也可以减弱；可以改变它的模式……这些都不会在解剖学层面发生变化。[1]因此，我们的执行网络（或叫"埋首伏案"网络）和我们的默认网络（或叫"灵光乍现"网络）都具有延展性，它们会根据我们的实际情况而改变。

实际上，我们有很严谨的数据证明经过锻炼创造力会增强（就和如果你去健身房，你的力量会加强一样真实）。一份针对70个不同的创造力训练项目的分析显示，在不同年龄段、不同智力水平、不同学术环境或组织环境中的人群身上，创造力训练都取得了良好的结果。[2]

综上所述，既然我们都使用同一种科学语言，那么，让我们以近几十年来的科学发现为基础开始实践吧。如你所知，了解一件事情的理论和把它融入你的生活并产生真实的变化是不一样的。要想改变做事方式，不仅需要了解程序，还需要实践。请你跟着神经科学的引导，进行下面的练习，并体验这些方案是怎样一天一天帮助你变得更有创造力的。从准备土壤开始，我们会讲到你能从哪里找到灵感，以及如何培养对创造力有利的习惯。作为补充，我们将提供更多具有实践性的练习方法。不多说了，我们开始实践吧！

创造性思维不是一种天赋，而是一种可以学习的能力。它为天生的能力增加能量，赋予人力量。

——爱德华·德博诺

准备土壤

为了加强创造力，我们可以在不同层面上下功夫。和一位农民在播种之前先准备土壤好能让作物生长一样，我们从准备我们的环境开始。下面列出的所有方案都被证实过在加强创造力上是有作用的，都很简单、便宜且不需要花多大力气。一起来吗？

准备一个创意中心

创意中心可以是一个小笔记本、记事本、手机应用、电脑桌面上的一个文件夹……找出最适合你的，把它变成你触手可及的好主意的仓库。你睡觉前恰好想到的好主意，你洗澡时想到的好主意，你跑步或散步时想到的好主意，自由驾驶、坐地铁、坐公交时想到的好主意……立刻写下来并保存起来。或许你会问：为什么要这么快记下来？你是否有过这样的经历，你梦到了一件事情，你醒来的时候还记得清清楚楚，但是早餐喝咖啡时，就忘了。默认网络的运作方式是类似的。当我们解决完事情，过了一段时间，我们的注意力就会转移到另一个地方，我们会忘记当时我们记得很清晰的那个好主意。

建议你在这个好主意的仓库里保存你自己的想法，还有其他人做的引起你注意的事情：一次约会、街上的一个图片、一种思维方式、一张照片、一幅画、一首歌、一个舞蹈……作家兼艺术家奥斯丁·克莱恩（Austin Kleon）说过，我们可以通过"偷取"别人的想法来加强我们的创造力。[3]这样说，听起来不太好听，甚至不太道德，但是这位作家很好地解释了，可以将别人的做法当作你创造的起点。基于我们到目前为止所看到的，别人的想法就是你的"乐高积木"，它们可供你玩耍并建造新的东西。因为我们的海马体和工作记忆是有限的，这种外部的记忆可以帮助我们。有时，你甚至不知道某个东西为什么

会吸引你的注意力,一样把它都装进去。

　　时不时地去看看你的仓库,看看那些图片、你写过的东西,以及其他东西……就算你那时什么也不做,你的后脑也会负责孵化和关联想法。另外,在遇到瓶颈的时候,这可能是巨大的灵感源泉。你知道你要用什么来做你的创意中心了吗?

　　请你写下来:

_____

_____

_____

创建你的创造环境

　　奥斯丁·克莱恩说过,他的办公室分成两种环境:一个叫作模拟空间,看起来像幼儿园一样,里面都是游戏、橡皮泥和彩色铅笔;另一个叫作电子空间,里面有电脑、巨大的屏幕、平板电脑和其他工作用的科技产品。他讲道,模拟空间是游戏和产生想法的地方,而电子空间是坐下来构思的地方。奥斯丁·克莱恩十分了解我们第二章讲过的创造过程,他设计了一个空间来激活自己的默认网络和"灵光乍现时刻",还有另一个空间来激活自己的执行网络和"埋首伏案"的过程。

　　你也这样做。投入一段时间去创建一个有助于你创造的环境:把墙涂上颜色(可能是最能激发你创造力的蓝色[4]),在墙上挂满能够向你讲述某个故事的照片，放上画、雕塑、图片，换一个屏保……设计一个能让你放任自己随意想象的<mark>空间</mark>。因为展开创作时外部环境也会影响到我们。研究表明，我们感到舒服的环境能够激发我们的创造力，而压抑的环境会让我们感觉被审视，甚至被批评，会扼杀创造力。对于你的创造力空间你有什么想法吗？画出来、随意勾勒或者写下来：

_____

_____

_____

　　创造力是一只不一定会伸出头的乌龟。如果环境是安静的，它一定会出来。对于一只乌龟来讲，一个安全的环境是一段无人打扰的时间加上一个安静的地点。

——约翰·克里斯（John Cleese）

选择你的时机

　　你还记得我们在引言中讲过的格雷厄姆·华莱斯的创造模型吗？那个1926年发表，至今仍然有效的创造模型？这位英国心理学家把创造过程分成几个状态，了解这些能帮助我们自我定位。所有创意都是这样来的：调查研究的准备阶段、把想法隐藏起来的孵化阶段、叫作"启发"的灵光乍现的顿悟时刻、验证和开展创作的阶段。

鉴于我们的生物节律，并非一天中的每个时间段都适合做创作过程中所有这些步骤中要做的事。现在请你问自己：一天中最糟糕的时间是什么时候？是每天刚开始，你半梦半醒的时候？还是吃完饭，半梦半醒的时候？还是一天的最末，你再也坚持不下去了的时候？好吧，实际上，你一天中最糟糕的时刻并不是你坐下来做创意方案的时刻。相反，研究表明，这是"启发"（灵光乍现）的最佳时间。而在我们半梦半醒或疲惫的时候（我们第三章讲到），事情就会自然而然地发生：注意力"分散"，过滤器在休息，想法会不断地出现。[5]这些一天中"最糟糕"的时刻会给予你启发，把你的创意中心放在手边！

一天当中最好的时刻是什么时候？肯定是你最清醒的时刻，你能够更好地集中注意力。这是你鼓起勇气、投入你的执行网络开始头脑风暴、精心设计的时间。你要知道，在那些并非最佳也非"最糟"的时刻——当你在做运动、做家务或从一个地方到另一个地方时……这些时刻对你的创作过程也很重要，因为这是创意在后脑中孵化的时间。请你想想你的生物节律，并在这里写下对你最有利的时刻和时间表。

用来联系你的缪斯的时间：

_____

_____

_____

用来执行的时间：

_____

_____

_____

规定例行事项

　　根据我们讲过的生物节律，规定例行事项和工作时间表。你已经知道了一天当中哪些时间最适合坐下来工作，因为那时执行网络会启动——同时也是最适合把创意中心放在手边的时刻。日常例行的工作对于消耗能量和产生创意是最有效的。我们的能量是有限的，和你的手机电池或者家里的电源一样，因此，帮帮忙，照顾好它！规定你的时间表：工作、吃饭、休息和睡觉的时间。过度工作会消耗许多能量，第二天通常不是很有效率。规定例行事项也有助于我们进行自我管理和对抗注意力分散，我们在第三章曾讲过注意力分散是创造力瓶颈的最佳损友。

　　想到每天都重复同样的时间表，刚开始你可能会感觉无聊……但是，你别弄错了，让你的一天变得更好或更坏的不是你在哪里或者什么时间，而是你大脑里发生了什么。总之，取决于你的想象力水平！规定例行事项只是储蓄能量以备葡萄糖和氧气听从大脑差遣。规定例行事项并不能避免让你在有灵感的一天有特别多的工作要做，或者避免让你在截止日期前一天完全吃不下睡不着……但这些情况只是偶尔出现，并不需要去特意调节。

照顾你的习惯

起床的时候你想着要改变，穿衣服的时候，你想："今天我要在厨房工作。"你可能觉得这个想法无害且有吸引力，因为你想做些不同的事情，这在个人能量层面可能不是很"经济"。最好重新评估这个想法，因为为自己布置新的工作空间、一直坐着不起来吃饭，这可能会耗费很多能量。反之，我们每天都在做的事情，完全是例行公事、不需要思考，消耗更少的能量。也就是说，从能量角度看，养成习惯是很经济实惠的。[6]

但是养成习惯一点儿也不容易。这里我告诉你一个小技巧：给自己小奖励。我们继续之前的例子，我们可以让开始工作的那一刻变得有吸引力，不是通过换地方（即使我们都把它布置得那么鼓舞人心），而是通过给我们自己一些激励，比如一份美味的早餐，工作一个小时之后才可以吃。此时，饥饿就是催化剂，一杯美味的咖啡和羊角面包就是增强我们积极动机的奖品（我们在第二章讲过，与消极动机相比，积极动机更能加强工作动力）。你有没有想过为你的生活增添点儿趣味？

　　请你写下来：

_____

_____

_____

160

有用的习惯

接下来，我们来讲几个会帮助你变得更有创造力的习惯。我们在第二章讲过，身体和大脑之间的联系是生物学的既成事实，我们要好好利用它。是时候活动我们的身体来激发创造力了。随便使用什么方法，但是，一定要开始行动。

正念法

人们普遍认为沉思和正念法是放空大脑，但是，我们现在已经完全知道，我们无法关闭我们的大脑，它一直都在活跃着。正念这个佛教传统的目的是让人们专注于当下，不让大脑"去旅行"（是的，我们提到过那么多次的遐想网络可能成为你练习专注技巧时最糟糕的敌人）。当你进行正念训练时，会出现一些想法（一定肯定会出现），建议你就让这些想法过去，把所有的注意力投放在你的呼吸和肢体感觉上。这样你会回到此时此地，一直到下一次思维出游，那时你还是在进行正念练习。就这样，在一次训练中你的思维数百次地从大脑游走到身体，你锻炼了你的注意力控制和大脑灵活度。

神经科学表明正念法会加强发散性思维、创造力[7]、情绪控制力，并改善心情[8]。另外一些相对封闭的把注意力集中在呼吸上的冥想技巧有助于训练收敛性思维。[9]熟练的冥想者还可以增强他们的想象力，这有助于他们进行视觉艺术创作。[10]

你觉得怎么样？我说服你了吗？有许多数据证明每天进行正念练习会增强创造力。油管（Youtube）网站、手机App、线上和线下课程中……都有许多教程。请你尝试一下，看看对你是否有用。

体育锻炼

体育锻炼会激发创造力，因为它会增强警惕状态，并且让想象力飞翔[11]，同样也作用于自动任务。建议用比较舒服的步伐走路，不需要跑起来；实际上，我一点也不建议你们跑步，太严格的锻炼不会增强创造力，因为这会消耗太多能量。一些研究表明进行常规性锻炼的人在执行创造力任务时心率更低。反之，久坐不动的人心率会增高，这意味着他们需要付出更多的脑力才能变得有创造力。[12]想象一下为了创造力而走路是多么有益，以至于在跑步机上安置办公桌变成了潮流。

体育锻炼对于人的很多方面都是有利的：增加你的力量、保持心脏健康、改善心情，而且可以随时随地锻炼，一个人或一群人都可以，还不需要花钱……动起来，有这么多的好处。你还在等什么？

休息和睡觉

我们之前讲过，疲惫会增强分散性注意力和遐想网络，但是会降低一些基础能力，比如创造工作的准备阶段和验证新想法阶段所需的工作记忆和注意力。[13]当然，要撑起胳膊并启动执行大脑网络，需要足够的休息。

另外，睡眠对孵化创意至关重要：在创造的这个阶段，我们把一切准备工序都放入后台让想法成熟。

夜间睡眠分为几个周期（我们每晚有四到六个周期），这些周期又分为几个阶段。在被称为REM的阶段［rapid eye movement（快速眼动）的英文首字母缩写］，我们的眼睛快速运动，我们会做梦。如果你记得你的某个梦境，你肯定会注意到你在一个地方认识的人出现在另一个地方，而且梦中的内容通常是你与他们不可能产生的某些联系。梦反映了我们的后脑如何连接和关联完全不相关的想法。正是在我们夜间休息的这个阶段，那些明显不相关的想法开始关联会变得更容易，之后我们会在白天意识到这些想法。[14]

总之，不要忽略睡眠的重要性，因为做梦会产生创造性的成果。

消磨时间

小时候，我们常常因为心不在焉而被提请注意，甚至因为让思想自由翱翔而受到惩罚。长大后，这种活动和持续做一件事情都会受到社会的奖励。如果我们有一点儿空闲时间，身边总会有一部手机，上面在推送电子游戏或社交信息。是的，一般来说，如果我们不在睡觉，我们通常是在做一件事情，如盯着面前的屏幕……如果你有疑问，请你看看周围，地铁或公共汽车上，甚至大街上的人，不止一名行人由于司机或其他行人手中的手机而处在危险之中。我们生活的环境很复杂，所以需要神经网络和遐想创造过程。什么也不做，只是消磨时间，在当今的时代几乎是无法想象的，甚至会被认为是不好的。但是这种无聊的时刻有利于大脑联想、想象力奔驰、孵化创意，以产生"灵光乍现时刻"。神经科学家建议：在你的记事本上留出让自己无聊的时间。是的，留出一些时间专门什么也不做，就是什么都不做。远离手机和屏幕，坐到窗边的椅子上，或者出去散个步，看看世界……

与自己相处

在你繁忙的日程中留出与自己"相处"的时间，做一些你自己喜欢的事情，与你内心的小女孩相处。在这些"相处"中，做一些像游戏似的有趣的事情：到一元店里去买一些材料做一个手工送给自己，编一段独白献给自己，或者去看日落。与自己内心的艺术家每周约一次会，是朱莉娅·卡梅伦（Julia Cameron）在她的传奇著作《创意，是一笔灵魂交易》（*The Artist's Way: A Spiritual Path to Higher Creativity*）中给出的一个建议。这位有数十年创作经验的作家兼艺术家导师提供为期12周的课程让你与内心中的艺术家沟通并表达你的创造力。与内心中的艺术家的约会是一个不可动摇的前提。就像"消磨时间"一样，这个约会有助于创意在你后脑中孵化。

切换任务

在我们当前的世界中，主要的工作方式是同时处理多项任务。我们的注意力通常会从一件事转到另一件事：我们开会的同时，还需要接听电话或处理电子邮件；我们回到会议中，紧接着，另一个紧急的事情出现了，需要我们处理，等等。关于这种不断变化的任务如何降低效率、减慢工作速度和增加错误，已有多项研究。然而，一些研究表明，在两种类型的任务之间切换对创造力是有利的。[15]为什么会出现这些明显很矛盾的结果？因为两个任务和六七个或十个任务是不一样的（这经常发生在我们身上），在每个上任务上花费的时间也有所不同：5分钟和25分钟是不同的。还有一些研究评估相对频繁地改变任务如何促进大脑灵活性、重置大脑并避免使自己陷入标准思维模式（我们在第三章中讲到的循环思维）的网罗中。现在已经证实，规定切换任务的时间（例如，每30分钟一次），会加强创造力，甚至比参与者自己决定何时切换任务的效果还要好。似乎我们意识不到我们何时陷入循环思维，何时卡在标准思维模式的瓶颈中。

自从读了这些研究之后，我应用了我所学到的知识，我的工作方式改变了。现在我采取交替工作方式，间隔一定的时间去回复邮件或者写报告，从而能够研究或思考下一篇文章。我用类似的方式一点点地写这本书，在写新章节和编辑旧章节之间切换。这样我把产生新想法与修订时间相互交替。我发现这种工作方式确实使我更有创意；这样锻炼了我大脑的灵活性，不同的工作之间还能互相汲取养分，而且，这样做还更有趣！

现在轮到你了。记录下你手头的工作或想法，根据它需要发散性思维还是收敛性思维分类。随着你的进度，你可以改变思维方式。

发散性思维：　　　　　　　收敛性思维：

_____　_____

_____　_____

_____　_____

想着切换这两种思维方式来整理你的日程。脑力劳动和体力劳动互相切换也是个好主意。你可以设置一个闹钟来提醒你切换。先尝试每种工作先做三四十分钟，再一点点看你需要延长还是缩短时间。

注意心情

我们在第二章讲过，你的心情和动机会影响你的创造力。虽然有许多受尽折磨的天才的故事，但是，我们发现像开心或喜悦这种积极活跃的心情能够通过更强的大脑灵活性更好地激发我们的创造力。所以，是时候思考如何培养你的快乐心情了。用一点儿时间来思考能让你快乐的事情：从周日在床上吃早餐、去爬山或与自己喜欢的人约会……到执行一个创意项目。我知道这看起来是一个非常简单的问题，但是，出于各种原因，你可能很难回答出来。

在这里列一个清单，在每件事情旁边写下你每周投入的时间。结果可能会让你大吃一惊。

让我开心的事情……　　　　　我投入的时间：

_____　　_____

_____　　_____

_____　　_____

保持动力

我们知道任何工作都需要我们付出努力，甚至许多努力。毫无疑问，创造性工作也消耗能量。动机根据它的重要性和信号为我们提供或多或少的能量。我们知道设定目标和想要达到目标是创造积极动机的最大动力，而积极动机则是你整个创造过程的发动机。现在请你想一下你目前有哪些短期、中期和长期目标。请你写下来：

短期： 中期： 长期：

_____ _____ _____

_____ _____ _____

_____ _____ _____

在评估你是否在参与一个创造性项目时，你要注意这一点。这是否符合你的目标？

要想和我们的创造力保持良好的关系，我们要投入时间去栽培和照看它。

——朱莉娅·卡梅伦

灵感来源

好奇心是灵感的最佳盟友。像小孩子一样，多提问（更确切地说，对一切提问），把偏见和学到的规则抛掷脑后。科丽塔·肯特（Corita Kent），一位开创性的女性，她是一位天主教修女。她与安迪·沃霍尔交往，给希区柯克（Hitchcock）上课，一生中大部分时间投身于教育。她建议她的艺术生与2~4岁的小孩子交朋友，并长时间跟这个小孩子在一起，从而能够让小孩子的这种对周围一切都好奇的目光感染到他们。

在《"偷"师学艺》（*Roba c'omo wn artista*）中，奥斯丁·克莱恩不仅建议偷取他人的想法，而且还要模仿他们。她建议研究值得钦佩的人以向他们学习。这取决于你所在的领域：选择你最喜欢的时装设计师、最厉害的沟通者、有史以来最好的作家……总之，你最喜欢的，无论是谁。深入研究那个人……模仿他。因为当你模仿凡·高的一幅画时，你不仅在模仿颜色、形状或纹理，而且你在一点点地了解今天能卖上百万的画作背后的创作思想。在模仿你所在领域的大师的过程中，你也在一点点地了解你自己，找到你自己的风格或声音。

据说篮球运动员科比·布莱恩特（Kobe Bryant）是迈

克尔·乔丹（Michael Jordan）的崇拜者。他比"飞人乔丹"小15岁，但他试图模仿乔丹如何用双脚在球场上"跳舞"，同时他的手臂如何运球，直到投篮。科比练习了很多次，也模仿了乔丹很多次。然而，科比发现自己的身体和他的偶像不一样，所以他不得不根据自己的体格、敏捷度和体力来调整打法。正是在调整的过程中，他找到了自己打篮球的方式，从而成为科比·布莱恩特，NBA历史上最耀眼的球星之一。

　　在我们的生命中，我们都遇到过自己的迈克尔·乔丹，一位"我长大后我想像你一样"的人。谈到神经病学和运动障碍，我遇到过一位这样的导师。我曾数百次在他问诊时跟在他的身边做笔记。当我完成学习并开始自己问诊时，我的第一直觉是我在模仿他。效果好吗？我想，还好；因为患者没有抱怨（我认为）。然而，现在我意识到，在我前几年的医患关系中存在一些刻意的成分。我的导师是一位年长的人，生性平和而严肃。我一直模仿他。然而，严肃平和是我导师的特点，并不是我的特点。我开始意识到我无法模仿他的地方，于是我自己的问诊方式出现了。通过我失败的模仿经验，我发现了自己的创造力。

开始行动：找出你要模仿的偶像。找出这个人应该不难，因为每个领域都有杰出的人。请你至少写下两个人的名字，还有你为什么钦佩他们：

_____

_____

_____

现在该投入时间深入研究你的"导师"了：他的形象、成就、思考方式、背后的东西……试图把这些刻入脑海，模仿他。然后再选一个人，做同样的事情。随着时间推移，你将慢慢了解你与他们的区别。为你自己的特点留出空间，扩大它们，让它们扩展，一点点成形。这是你找到自己的声音和创作风格的路径之一。

如果你模仿一个作者，那是抄袭，但是如果你模仿很多个作者，那就是研究。

——威尔逊·米茨纳（Wilson Mizner）

美国剧作家

探索你的边界地区

我们在第二章讲过，有些人认为不存在真正的新事物，一切有创意的新颖的事物都基于已有的事物，但是有一个新的转折点（乐高，你还记得吗？）。确实，没有任何一项发明或者创造性行为是从无到有自然产生的。我们可以画一条引导线，从我们周围的一切到它们的起源：从最早的壁画到我们今天所理解的艺术，从远古的歌谣到电子音乐，从阿达·洛芙莱斯和查尔斯·巴贝奇最初的编程程序到如今可以放在我们口袋里的手机。

史蒂文·约翰逊在《伟大创意的诞生：创新自然史》（*Where Good Ideas Come from: the Natural History of Innovation*）中提到过"相邻可能"原则：探索恰好在你所了解的知识边缘的领地。[16]不妨把这个过程比作慢慢地发现一个神奇的房子。一开始你在一个有四扇门的屋子里；每扇门把你带领到一个未知的房间。这四个房间就是约翰逊称为相邻可能的东西。当你在自己的知识边缘探索时，你打开其中一扇门，你进入一个房间，这个房间也有很多门。你可以进入你开始没有看到的其他的门里，这些门会带你走入另外一些房间，就这样，接二连三。如果你持续打开门，一间一间，最终你会发现一座宫殿。

开始行动：选择你正在做的一个方案，想想它的边界。在边界线上问自己："如果我再走一步，会把我带到哪里去？"大胆地打开这扇门，去探索它会把你带到哪里。我举一个例子来让你能更好地理解。一开始我把这本书视为科普类作品，普及创造时我们的大脑是如何运作的。在我写的时候，我遇到了边界线："这个理论有什么用？"这把我带领到："如果神经科学可以改变人们的生活那会怎样呢？"通过这一探索，我写出了这本书的这一章。

顺藤摸瓜

　　沿着探索自己边界的这条思路，你可以通过顺藤摸瓜来找到灵感来源。当你读书、听歌、看舞蹈或看画时，当某个相关的想法进入你的大脑时，无论是利用直接影射还是你的大脑已经连接了它，你都会跟随那个线索，开始研究那个东西（是的，在谷歌、维基百科或博客这些开启研究的完美来源上）。沿着这条藤蔓，对于在寻找或调查过程中你将被带去哪里保持开放态度，没有任何特定目标，让这个过程本身变成你的引擎。引起你注意的那个东西就是下一步要调查的东西，在调查中你会遇到另一件吸引你的事情，这样一直到……你会看到的。比如，如果科丽塔·肯特是位修女又是位艺术家引起了你的注意。顺着这条线，你将会发现，她死于癌症，但幸运的是，她关于创造力的智慧体现在她死后其学生帮她出版的一本书中。你留在这里……如果你感兴趣，请你拉动这条藤蔓！

航海家请注意：有一些藤蔓会把你带到意想不到的地方。我因为多巴胺对帕金森病患者的创造力会产生影响而开始对相关问题感兴趣，接下来拉动、拉动，创造力成了主角，我开始读书、研究……其他的你已经知道了。

开始行动：让你的好奇心带你从一个地方到另一个地方。寻找过程本身就会拥有生命，成为你自己创意方案的灵感源泉。

没有什么是错的。不存在成功或者失败，只有做。

——科丽塔·肯特
艺术家和教育家

加入不同的群体

从孩提时代起，我们就自认为是社会生物，需要在"群体"中获得自我身份：与踢足球的人、拍抖音的人或谈论电子游戏的人在一起……群体能定义我们并构成我们身份的内在部分，这种群体的归属与我们一起成长，而且是基于共同的爱好、工作、信仰或任何其他对我们重要的东西的。它是我们社会身份的一部分，我们会使用这样的说法："我们这样想"或"对我们来说这很重要"。

有社会心理学研究显示，感觉自己与许多社会群体有联系而且拥有多种社会身份的人具有更强的创造力。[17]研究表明，这种创造力是基于这些人有更强的认知灵活度的事实的。当你兼顾家长协会、混合健身小组、戏剧小组、合唱团、绘画课、社会工作时……你的大脑进行脑力锻炼，这需要更换"芯片"，把"芯片"在需要的时刻交给每个活动。

开始行动：记录这些数据以备下一次需要为你的团队选人的时候派上用场，问他工作之外有哪些兴趣，但是，最重要的是，要应用到个人层面上。加入不同的群体不仅能让你发展自己的不同方面，而且能增强你的创造力。你的人脉和兴趣都是灵感的来源；人脉和兴趣越多样，它们给你带来的作用越丰富，越能延展你大脑的灵活度。

消耗创造力

在开始下一项创造力训练活动之前，基于神经科学对日常生活的影响，再给你最后一个实用性的建议：通过别人的创意刺激你的大脑来增强你的创造力。这有助于"头脑风暴"技巧的使用——我们将会在后面看到——而且通过"消耗"创造力来激发自己的创造力。根据神经影像学的研究，当我们看到或读到有创意的东西时，大脑的右侧颞叶和顶叶区域是最"亮"的区域。记忆可能被激活了（提醒一下，它位于颞叶的海马体中，并且让我们之前就有的想法更容易地出现在"前线"，正如我们在第二章讲到的那样）。只要这些想法一"在线"，工作记忆就能够操纵它们以建立新的关联。[18]

开始行动：请一个人推荐给你一部创造性的作品，如一本书、一场演出、一场展览、一场电影……某样你自己不会选择的，能带你走出舒适区的东西。灵感来源有时来自未知的地方，与你习惯的领域毫无关系。

艺术一直是我的救赎。我的神是赫尔曼·梅尔维尔（Herman Melville）、艾米莉·狄金森（Emily Dickinson）和莫扎特。我全心全意地相信他们。当莫扎特在我的房间里演奏时，我与一些我无法解释的东西交流……我不需要解释。

——莫里斯·森达克（Maurice Sendak）
美国儿童文学作家

练习你的创造力

研究表明，发散性思维和生成想法的锻炼是增强创造力最有效的方法。[19]因此，接下来提出的练习都是跟这有关。我们继续通过练习来连接你的神经网络。

个人练习

你可以从思考一个日常问题开始，一个你想改变的每天都在发生的事情。比如，每天早上闹钟响起的时候我都很难起床，我真正出门的时间总是比我打算出门的时间要晚，我的小儿子不愿意吃饭，我十几岁的女儿不停地玩手机或者我无法和那个人好好相处……或许，你脑袋里想的是一个创造性工作：你不知道怎么写完你的小说，或你这个季节要收藏什么东西，或如何规划新的营销活动，或给这本书起什么名字……任何一个你手边的问题，你想用创造性的方式去解决的问题，请把它写下来：

_____

_____

_____

练习1：提问题

答案不是在解决方案里，而是在问题里。好的问题有助于明确一个问题，让你对手头的工作有更开阔、更精准的看法。比如，如果你的问题是上面提到的起床困难，你可以这样问自己：闹钟响的时候我困吗？我感觉舒服吗？我怎么睡觉？我想开始这一天吗？闹钟响的时候我要做什么？从一天跨到另一天了吗？这取决于什么？问自己与上面你写下的问题有关的所有问题。再次写下你的问题，提问完过后，问题更加清晰了：

_____

_____

_____

_____

练习2：练习发散性思维

发散性思维的目的是把问题的解决方法的数量最大化。针对你之前写下的，在提问之后更加明确的那些问题，提出你能想到的所有解决方法。答案至少15个；如果有20个，更好。想15~20分钟。也许你不这么觉得，但是，最后的几个答案肯定比最开始的答案更具有创造力。[20]请写下你的答案：

1. _____

2. _____

3. _____

4. _____

5. _____

6. _____

7. _____

8. _____

9. _____

10. _____

11. _____

12. _____

13. _____

14. _____

15. _____

16. _____

17. _____

18. _____

19. _____

20. _____

创造性活动是一个学习的过程，在这个过程中老师和学生都是单独的个体。

——亚瑟·库斯勒（Arthur Koestler）

匈牙利裔英籍作家

练习3：闭上眼睛增强发散性思维

一些研究表明，闭上眼睛（通过增加额叶区域的阿尔法波动）你的发散性思维会增强，因为这个动作有助于集中注意力并避免精力分散。[21] 现在尝试做同样的练习（可以重复之前的问题，也可以重新选择一个），但是需要闭上眼睛。只有写答案的时候才睁开眼睛，写完之后再闭上。还是一样，把时间控制在15~20分钟。

1. _____

2. _____

3. _____

4. _____

5. _____

6. _____

7. _____

8. _____

9. _____

10. _____

11. _____

12. _____

13. _____

14. _____

15. _____

16. _____

17. _____

18. _____

19. _____

20. _____

练习4：通过散步增强发散性思维

我建议你还是做同样的练习，但是这次是去外面散步。几年前，斯坦福大学的几位学者对176名大学生做过实验，他们发现所有人都是在外面散步时，在发散性思维的任务上取得了更好的成绩。他们发现从散步回来之后，这种改善还会持续几分钟。[22]因为运动可以增强发散性思维，再次回到你之前的问题（或者再选一个）上，出去散个步想想可能的解决方案。你可以带上你的"创意中心"，边走边记下你的答案，或者散步结束之后再记下来。不要忘记你至少要想15个解决方案。

1. _____
2. _____
3. _____
4. _____
5. _____
6. _____
7. _____
8. _____
9. _____
10. _____
11. _____
12. _____
13. _____
14. _____
15. _____
16. _____
17. _____

18. _____

19. _____

20. _____

练习5：听音乐增强发散性思维

凭直觉，你认为音乐可以帮助你产生想法。你已经发现了，当你听着音乐跑步或开车时，许多想法都会浮现在你脑海中。事实上人们已经通过许多实验来研究音乐对创造力的作用，但结果各不相同。有很多变数，不是随便一种音乐都能适合随便一种任务。然而，研究表明，积极和活跃的音乐比沉默及其他类型的音乐更能增强发散性思维。[23]

选择一种能让你振作起来并让你保持警觉的音乐。如果你需要一些建议，我可以告诉你有些实验中人们选择的音乐是维瓦尔第（Vivaldi）的《四季》（*The Four Seasons*）。如果古典音乐与你的兴趣相距甚远，不要担心；选择其他的，可以是纯音乐，以避免歌词分散你的注意力。不要选择用于冥想的经典曲目（下雨或森林中鸟儿的歌唱），因为我们的目的不是镇静或入睡。选择一首你喜欢的歌曲，让你心情愉快，让你保持清醒。放上背景音乐，重复发散性思维练习。请写下你所有的解决方案：

1. _____

2. _____

3. _____

4. _____

5. _____

6. _____

7. _____

8. _____

9. _____

10. _____

11. _____

12. _____

13. _____

14. _____

15. _____

16. _____

17. _____

18. _____

19. _____

20. _____

练习6：应用收敛性思维

在你提出的所有解决方案中，有一些比其他的更有创造力、更高级。训练收敛性思维的目的是方便决定哪个是最佳解决方案，制定方案并应用于实践。从之前的练习中选出一个你觉得最好的解决方案。比如，如果你想解决的是下班问题，你已经真正计划好下班这件事，或许你已经决定要定一个闹钟。准备一下关于这个解决方案的所有细节安排：你什么时候定闹钟？什么类型的闹钟？要用铃声吗？还是音乐？什么歌曲？为什么？一直想下去，你决定要设一个下班前30分钟的闹钟，然后15分钟，然后5分钟。你选择了一首歌曲提醒你，工作并不是生活的一切，办公室外有许多事情可以做。

　　现在要实践你的想法了，至少要坚持一个星期。如果你发现不奏效，闹钟响了几秒钟你就关闭掉，又继续回复邮件，好像什么也没有发生，或许，你需要提出另一种解决方案了。回到你的清单上，尝试另一个方法。最终，如果你还是坚持下去（是的，坚持很重要），却仍无法改变现状，这种试错也是有用的。

练习7：通过自动任务增强创意孵化

　　事实证明，走神可以提高创造力。和我一样，也许你会想："但是，如果我整天都走神，就没有办法……"合理的解释是并不是任何时间的随意走神都有效。2012年对145名大学生做的一项实验在这个领域开了先河。实验员首先给他们分配了一个发散性思维的任务（"你能想到一块砖的多少种用途？"这种任务）。[24] 要求他们在规定的时间内（2~3分钟）提出所有可能的答案，之后把他们进行分组，每组有不同的"任务"：一组执行需要付出努力的记忆任务，一组执行自动性任务，最后一组没有任务只休息。休息之后，三个小组再次做"砖的用途"的练习。可以看到，在第二轮，之前执行不耗费大脑能量的自动性任务的那一组取得了最好的结果。

人们认为自动性任务的好处是有助于进行头脑风暴。让大脑"出去闲逛"可以激活遐想网络，有可能也会增强"灵光乍现"和"埋首伏案"网络之间的互动。[25]这样，无意识的联想处理和创意孵化会被同时激活，把你的问题放到一边，去做一些不需要花费功夫的自动任务：可以是整理书架、清洗画笔、准备雕塑材料、浇花……任何一件对你来讲容易的事情。远离你的问题，集中注意力在你的手头工作上。用不上几分钟，你就会发现你的大脑精力开始分散，就随它去，继续做你的手头工作20~30分钟。再回来面对你的问题。现在你怎么看？观察到一些新的东西吗？有什么新想法吗？请写下来：

_____

_____

_____

练习8：刺激水平思维

在《六项思考帽》（*Six Thinking Hats*）中，爱德华·德博诺提出下面这项练习来刺激横向思维。拿起一本字典（是的，你甚至不记得你上一次查字典是什么时候，但是你家里肯定藏有几本；如果没有，下载一本）。看一下它有多少页，比如9135页，在0~9135随机想一个数字。然后从1~10再选一个数字。请写下这两个数字：

1. _____。

2. _____。

翻开你选的第一个数字的那页（如327）。从这页开始往下数，一直到你选的第二个数字的位置（如6）。读出这个词条对应的单词。将这个词作为你下个创意的起点。

爱德华·德博诺以香烟营销宣传为例，寻求创新时出现的词是"青蛙"。"青蛙"让你想到跳，从一个地方到另一个地方，短时间，短距离……由此产生了可以在短时间内抽的短香烟。

这种随机选词练习将会把你带到你自己从前永远想象不到

的路径上，能够提供许多运用水平思维进行思考的机会。如果你进行的是视觉创作，你可以使用潘通颜色代码系统的数字和字母，来完全随机地选择一种颜色，进行类似的练习。

小组练习

到目前为止，我们讲过的所有练习都可以在小组内进行。最后一个随机选择练习（无论是词语、颜色、符号还是动作）可以作为头脑风暴的起点。

练习9："头脑风暴"

头脑风暴法可以追溯到20世纪60年代，在广告家亚历克斯·奥斯本（Alex Osborn）出版《应用想象力》（*Applied Imagination*）之后出现了这个概念。进行头脑风暴的目标是令我们大脑的联想能力最大化，以找到问题的最佳解决方案。可以是任何类型的问题，从前面提到的如何按时下班，到如何设计你的创作工作环境……或者如何拟出一本书的标题。对于所

有这一切，如你所知，首先发挥作用的是发散性思维。通过这种方法，可以实现一种集体发散思维，因为它鼓励每个人贡献他们的"乐高积木"，所有人都可以用组装这些"积木"，并构建一些有创意的东西。这种方法非常简单，而且已经得到多项研究的支持。[26]

为了促进团队创造力，创造一个鼓励自由思考的开放性的评判环境至关重要。需要指定一位大会主席来安排发言顺序并记录过程中出现的所有想法。会议结束之后，将评估这些想法。

下面是给参与者的一些建议：

一不要有压力。不需要说出非常能展现出聪明才智的东西，也不需要脱颖而出，而是要团队合作。

一随心所欲，甚至像孩子一样，开开心心地体验。

一倾听他人的想法，基于他们的想法进行创造。

一想法越"疯狂"，越原创，越好。

下面是给大会主席的一些建议：

一没有愚蠢的想法。禁止对出现的想法指指点点或加以评判。记录下所有想法，然后再看会发生什么。

一激励大家提出新想法很重要；越多越好。

练习：召集一些朋友或同事，围绕某个你一直在寻求解决方案的问题进行一次头脑风暴大会。你一定要给他们足够的信息让他们明确了解你的问题。去尝试一下，不但很有趣，而且会产出许多新想法。

如果团队成员互相不认识，或者你只是想破冰，可以通过对"世界上最糟糕"的想法进行头脑风暴的方式来开始讨论。这样，参与者一点点加热他们的"发动机"，一定要说出好点子的压力也就消失了。

获得一个好主意的最佳途径，是拥有许多的想法，然后丢弃不好的想法。

莱纳斯·鲍林（Linus Pauling）

美国化学家

练习10：安慰剂效应

多项研究表明，安慰剂可以提高认知能力，如记忆力、学习和创造力。[27]这种安慰剂效应如何发挥作用？我们知道，期望收到会产生积极影响的东西会导致我们的神经元分泌多巴胺[28]……众所周知，多巴胺会增强创造力。请你用这个安慰剂原理做一个实验，从而在你的团队中更好地利用它。

下次开会，告诉你的团队，你们要做一项实验，而且告诉大家你要给予他们已经被证实可以最大化创造力的东西。你可以利用嗅觉，让他们闻一种味道很好的香料；或者利用味觉，给他们一块美味的巧克力；或者利用听觉，给他们放首歌（如我们之前看到的，这不只是安慰剂）……你必须让他们相信（操作的结果取决于这样东西）这种"物质"会抑制自发性想法，增强联想能力、大脑灵活度，还有我们在第二章讲到的所有能提高创造力的能力。当然，练习结束后，你会告诉大家真相，你们将一起讨论刚才发生了什么，还有这次团队会议的效果。

创意日历

接下来建议你做一个日历，上面写下你"计划好的"任务，以帮助你开始练习。并不是要一板一眼地按照这个日历去做（虽然那样做也不是不好）。或许，一项练习将占用你两三天的时间。很好，给每个练习安排所需的时间。或许有些练习对你效果非常好，你想下周再做一次：可以！下面只是一个用来引导你的清单，作为备忘录提醒你我们这本书中讲过的所有内容，如果你不在日常生活中应用这些建议，它们将只停留在理论层面。

第一周

星期一：买笔记本，准备你的创意仓储中心。

星期二：准备你的创造空间。

星期三：寻找激发你灵感的欢乐音乐。

星期四：根据你的生物节律准备时间表。

星期五：研究"正念疗法"。

周末：去你最喜欢的地方长时间散步。

第二周

星期一：决定你要交替进行的两三项工作。

星期二：找出帮助你断开连接的自动型任务。

星期三：每30分钟在两项工作之间转换。

星期四：放一些东西在你的创意仓储中心中（如果你想不到，出去散个步，或者再洗个澡）。

星期五：开始体育锻炼，研究锻炼视频、学习尊巴舞、学习网球……

周末：消耗创造力，去看演出、读诗歌……

第三周

星期一：放上开心的背景音乐做某项工作。

星期二：打破常规（请不要误解我的意思，不要去抢银行……）

星期三：调查你感兴趣的小组，加入他们。

星期四：检查你的创意仓储中心。

星期五：在社交网络上查找你感兴趣的话题。

周末：在一个大大的落地窗前坐上一个小时。

第四周

星期一：找出你想模仿的人，开始研究他！

星期二：读、看、听你想到的但是你从来也没有选择过的东西。

星期三：和某人交谈他感兴趣的话题（不是你感兴趣的）。

星期四：对引起你注意的某件事情顺藤摸瓜。

星期五：进行一次头脑风暴小组练习。

周末：休息，消磨时间，睡觉。

创 意 日 历

你创造力的起点是你今天所知道的东西。

——莫妮卡·库尔缇丝

参考文献

1. Arnsten, AFT et al. «Neuromodulation of Thought: Flexibilities and Vulnerabilities in Prefrontal Cortical Network Synapses». *Neuron*. 2012; 76: 223-39.

2. Scott, G et al. *Op. cit.*

3. Kleon, A. *Roba como un artista*. Madrid: Aguilar; 2012.

4. Mehta R, Zhu R. «Blue or red? Exploring the effect of color on cognitive task performances». *Science*. 2009; 323: 1226-29.

5. Wieth MB, Zacks RT. «Time of day effects on problem solving: When the non-optimal is optimal». *Think Reason*. 2011; 17: 387-401.

6. Flaherty, AW. «Homeostasis and the control of the creative drive». En: Jung RE, Vartanian O, eds. *Op. cit.*

7. *Ibidem*.

8. Ding, X et al. «Improving creativity performance by short-term meditation». *Behavioral and Brain Functions*. 2014; 10: 9.

9. Flaherty, AW. «Homeostasis and the control of the creative drive». En: Jung RE, Vartanian O, eds. *Op. cit.*

10. Di Bernardi Luft, C et al. «Spontaneous visual imagery during meditation for creating visual art: An EEG and brain stimulation case study». *Frontiers in Psychology*. 2019; 10: 210.

11. Flaherty AW. «Homeostasis and the control of the creative drive». En: Jung RE, Vartanian O, eds. *Op. cit.*

12. Rominger, C, et al. «Creative challenge: Regular exercising moderates the association between task-related heart rate variability changes and individual differences in originality». PLoS *One. 2019*; 14e0220205.

13. Lorist, MM et al. «Impaired cognitive control and reduced cingulate activity during mental fatigue». *Cognitive Brain Research.* 2005; 24: 199-205.

14. Cai, DJ et al. «REM, not incubation, improves creativity by priming associative networks». *Proceedings of the National Academy of Sciences.* 2009; 106: 10130-4.

15. Lu, JG et al. «Switching On creativity: Task switching can increase creativity by reducing cognitive fixation». *Organizational Behavior and Human Decision Processes.* 2017; 139: 63-75.

16. Johnson, S. *Op. cit.*

17. Steffens, NK et al.«How Multiple Social Identities Are Related to Creativity». *Personality and Social Psychology Bulletin.* 2016; 42: 188-203.

18. Fink, A et al. «Stimulating creativity via the exposure to other people's ideas». *Human Brain Mapping.* 2012; 33: 2603-10.

19. Scott, G et al. «Types of creativity training: Approaches and their effectiveness». *The Journal of Creativity Behavior.* 2004; 38: 149-79.

20. Lucas BJ, Nordgren LF. «The creative cliff illusion». *Proceedings of the National Academy of Sciences.* 2020; 117: 19830-6.

21. Ritter, SM et al. «Eye-Closure Enhances Creative Performance on Divergent and Convergent Creativity Tasks». *Frontiers in Psychology.* 2018; 9: 1315.

22. Oppezzo M, Schwartz DL. «Give your ideas some legs: The positive effect of walking on creative thinking». *Journal of Experimental Psychology*. 2014; 40: 1142-52.

23. Ritter SM, Ferguson S. «Happy creativity: Listening to happy music facilitates divergent thinking». *PLoS One*. 2017; 12: e0182210.

24. Baird, B et al. *Op. cit.*

25. Christoff, K et al. «Experience sampling during fMRI reveals default network and executive system contributions to mind wandering». *Proceedings of the National Academy of Sciences*. 2009; 106: 8719-24.

26. Paulus P, Brown VR. «Toward More Creative and Innovative Group Idea Generation: A Cognitive, Social, Motivational Perspective of Brainstorming». *Social and Personality Psychology Compass*. 2007; 1: 248-65.

27. Rozenkrantz, L et al. «Placebo can enhance creativity». *PLoS One*. 2017; 12: e0182466.

28. De La Fuente-Fernández, R et al. «Placebo mechanisms and reward circuitry: Clues from Parkinson's disease». *Biological Psychiatry*. 2004; 56: 67-71.

科技：

在改变我们的创造力吗？

机器：

会变得有创造力吗？

未来：

会有增强创造力的治疗方法吗？

结语

用于思考……

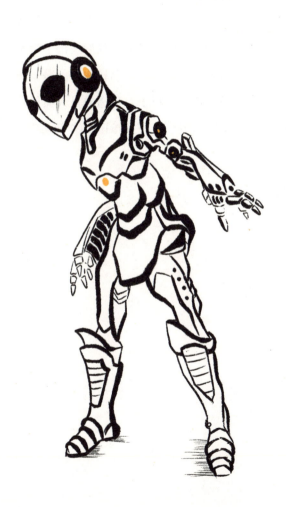

技术呈指数级发展并扩展到人类活动的所有领域，从医学和航空航天工程到家庭领域，这是一个不争的事实。如今，机器是我们生活中的重要组成部分，甚至可以把它们看作是我们自己的延伸。如果你对此有所怀疑，请想一想当你意识到你把手机忘在家里而产生的紧张感……这是我们如何与人工智能融合的一个明显的例子。人机共存的现象给我们提出了很多问题，并使我们对自己提出一些影响到本书核心的问题。例如：它有利于人类的创造力还是不利于？创造力是人类独有的能力或品质吗？技术可以"治疗"我们的创造力并帮助我们提高创造力吗？

科技在改变我们的创造力吗

你还记得上一次自己亲笔写信是什么时候吗？你的答案很可能是几年前，或者甚至从没有过。你还记得你家附近哪里有邮筒吗？你的答案很可能是不记得。技术革命正在改变我们的交流方式，这是一个事实。如今，我们与朋友、熟人和陌生人之间的大部分互动都依赖电子邮件、WhatsApp等应用程序和我们的社交网络。随着电子设备成为我们身体的延伸，实体和电子之间的界限变得越来越模糊。我们的口袋里有一个不断进化的"外脑"，它无疑正在改变我们的行为、思考和创造方式。至今还没有神经科学研究来衡量技术突破对我们创造能力的影响，因此我们获取的所有数据都是间接的。当然，他们中的一些人并不十分乐观。请你思考人机共存的一些方面以及它是如何影响创造力的。

教育和创造力

根据一项测量1966—2008年270 000多名学龄儿童创造力演变的研究，几十年来分数一直在下降。[1]尽管在同一时期孩子的智力测试分数有所提高，但创造力测试（是的，托兰斯测试，还记得吗？我们在引言中看到过，包括补全形状和提出物体的替代用途）分数下降了；尤其是小孩子（幼儿园到小学三年级之间的）。为什么孩子的创造力在下降？一些教育工作者把这归咎于当前的教育体系，正如英国人肯·罗宾逊（Ken Robinson）在2006年震撼教育界的一场TED演讲中所说的那样，当前的教育体系"扼杀了创造力"。许多人声称教育系统只注重通过考试，而没有教授孩子如何思考。[2]一些人认为孩子的好奇心和想象力不被鼓励发展，并指责他们在学校和家庭环境中大量使用科技。

科技是否可能对创造力产生负面影响？面对潜在的创造力危机，这值得反思。

记忆力外化

你有没有想过："既然通讯录可以记住电话号码，我为什么要记住它？"我就是这样工作的，并将这种实用主义几乎应用于所有事情。我不用费心记住各种药物的名称，因为我可以在药品大全App中随时查询，我也不记得一些罕见的神经病综合征的缩写，因为我总是有值得信赖的在线医学资源可供查询。你也一样吗？我敢断定是的。

我们在日常生活中很少使用记忆力（我们在第二章讲过

的海马体），因为我们已经把它"外化"了。好像是我们签署了外包服务，把数据存储在我们的电子设备里——手机、平板电脑、电脑或硬盘。有时我们甚至不需要存储数据，因为我们知道怎样搜索到它们：我们记得我们需要在谷歌中搜索的关键词，这样就可以找到我们需要的数据，而且不占用我们的电子设备和大脑的空间……但是"不使用"记忆对我们的创造力意味着什么呢？

在我看来，记忆力是在我们这个时代里被唾弃的一种认知能力，但是我们不应该轻视它。在记忆中存储数据对我们来讲很重要，因为我们"在桌子上有多少乐高积木"可以用来组建新的东西，取决于我们的记忆量。总之，只有我们无意识地连接无关的想法和进行远程关联时，我们才能访问自己的数据。当我们执行自动性任务孵化想法时或者做梦时，这就会发生。在浇花时或者REM（快速眼动）阶段，我们无法访问我们的"谷歌"！

WWW和信息访问

话虽如此，就在30年前，万维网（避免任何不清晰的信息，在这里说明一下，所有互联网地址都是以著名的三个w开头的）或全球资讯网的创建意味着一场信息革命。今天，你可以在几秒钟内访问成千上万的数据，无论你是在悉尼、纽约、卡塞雷斯的一个小镇，还是泰国的一个村庄……当然，只要你有一个顺畅的 Wi-Fi连接。多亏了这一点，你才能感觉到世界在你的脚下。在我看来（同样，只是我的观点，因为我们没有神经科学证据证明这一点），拥有更多信息只能增强创造力，因为它为"游戏桌"提供了更多"乐高积木"。网络为所有人提供了一个民主和开放的空间来分享他们的观点、他们的数据，当然还有他们的创意项目。能够看到创造性思维在地球的另一端所做的事情令人印象深刻。

坦率地说，某些网页的质量确实很差，耸人听闻的信息和假新闻比比皆是……网络上没有过滤器，但这很重要，我们不能因为这种情况发生在网络上就把这归罪于网络。这就像把拥挤、噪声和灰尘归咎于公园的长椅一样。对我们所见、所读或所听到的内容进行扬弃应该是我们人类做的事，而不是网络。

要注意到，搜索引擎背后的人工智能算法的使命是在我们浏览和接受每个cookie（同意读取用户上网信息）时更好地了解我们。当谷歌（或任何其他浏览器）首页上展示出它认为最符合我们喜好的信息时，要意识到这意味的风险。就我们而言，我们通常只寻找证实自己论点的信息，而我们的搜索证明了这一点。搜索引擎会强化这种视角，而风险是这种视角会越来越窄，因为机器只给我们展示它认为我们想看的东西。

算法和社交网络

或许你正在寻找灵感来源，然后开始浏览有关大自然的页面和视频……突然间，您想跳到有关颜色的内容。然后出现在你面前的前几个网页将是关于自然界中的颜色，因为算法已经猜到这是你最感兴趣的内容。如果我们放任自流，网络不会拓宽我们的视野，反而会缩小视野并限制我们的创造力。重要的是，我们要意识到人工智能只是在做它的工作，而我们可以让科技为我们所用。通过非常多样化的搜索让搜索引擎"疯狂"，并超越我们看到的前几个条目。这让我们再次问自己另一个有关科技与生命的相互关系问题：我们人类能不能比算法更聪明？

良好的网络连接让我们发现了社交网络世界。能够进入一个互联网社区是非常了不起的，那里每分每秒都在讨论和分享数百万个话题的信息。如果在这个宇宙中，我们选择只与我们相似的人联系，他们点赞、分享我们发布的内容，那么网络只能用来倾听我们自己声音的回声。相反，如果我们与理解我们的忧虑，但观点和看待事物的方式与我们截然不同的人建立联系，他们将为我们打开一个充满各种可能性的世界。冲突，只要是建设性的，就能点燃创造力的火焰。多样化的平台成为另一个空间，我们可以在这里分享创意项目、听取意见、提出想法并进行头脑风暴。在我看来，社交网络有为其用户带来巨大贡献的潜力，它可以创造无限的沟通可能性。如果我们有创意地利用好社交网络，就可以从中受益。

屏幕、屏幕和更多屏幕

一些对科技的反对者认为，屏幕占据了我们以前用于游戏甚至消遣的空间。你已经非常清楚，消磨时间会促进思想遨游，而且是创造力的重要盟友（非常重要，以至于我们甚至在第四章把它写在了创意日历上）。许多人沉迷于手机或其他电子设备，这是我们这个时代的一个普遍现象。事实上，许多视频游戏都遵循老虎机的原理，并使用精确的元素（速度、颜色和声音）来促使人们上瘾。社交网络及其推送的目标是最大限度地延长连接时间。如果你还没有看过纪录片《社交困境》（*The Social Dilemma*），那么现在是个好时机。

我们被可能使我们上瘾的物质所包围，包括酒精、烟草、糖，或许我们可以把科技也算进去。我们有责任教育年轻人，让他们知道如何在这个世界上用最好的标准管理自己，当然，还要以身作则。无论走到哪里，屏幕都陪伴着我们，而且有可能打断我们的思考、谈话和活动。但是，我们也有能力控制我们的注意力，还有抑制想要回复滴滴作响的短信的欲望的能力。事实上，把注意力集中在手头的事情上，忽略那些分散我们注意力的外部刺激，这是一项很好的注意力练习。

　　另一个日常生活中可以锻炼大脑灵活性的时刻是，我们打开平板电脑或手机要写短信或电子邮件的时候。各种通知不断地突袭我们，一次又一次地吸引我们的注意力，以至于我们开始阅读、回复······直到突然想到："我为什么拿起了手机？"你刚开始要写的那条信息已经在你刚刚处理的所有"紧急事件"中丢失了。这种场景你感到熟悉吗？既然你知道注意力是创造力的关键因素，请你将所学知识付诸实践，控制你对屏幕的注意力。如果你还记得，我们前面讲过，大脑灵活性对于创造力是必要的，而且进行转换事项的头脑练习是有益的。

消灭算法，人类长存。

——安吉尔·卡莫纳（Ángel Carmona）

西班牙第三广播电台记者

机器：会变得有创造力吗

在这本书的开头，我们把创造力定义为产生某种新颖的、适宜的、对于一类人有用的大脑功能。这里的问题是这种大脑功能是否可以被机器取代。电影中已经出现了许多未来机器人和人类越来越像的例子。问题是：它们会变得有创造力吗？如果我们仔细观察周围，就会发现人工智能已经存在于我们的生活之中，问题在于它是否已经具备创造力。

人工智能

根据定义，人工智能试图变得与人类智慧相似，并且具有以有限资源实现复杂目标的能力。通用人工智能（也称为"强人工智能"）意味着在各个层面都与人类相似：思考、建立联系、有自我意识、感受情感、从自己和他人的经验中学习……并变得有创造力。是的，这就是我们在科幻电影中所看到的。顺便说一句，这不再只是虚构的，而是一个清晰的现实。

最早设计的人工智能系统旨在复制人类专家的能力。我们在所有领域都可以见到它们的身影。例如，接受过训练的用于诊断皮肤癌的机器汲取了数千张皮肤病变的照片，加上高度先进的图像技术和大数据的处理，它们能够胜过许多皮肤科医生；基于数百万次棋局的记忆库下棋的机器人（如著名的深蓝）能够轻松战胜人类。然而，得益于深度神经网络，人工智能有了质的飞跃。它们是由多层计算矩阵（一种即使是最专业的数学家也无法理解的黑匣子）组成的人工神经网络。这项技术意味着另一种复杂的处理方式，因为这些系统不需要外部数据（我们之前提过的那些皮肤损伤照片或国际象棋棋局），它们可以从自己的经验中学习。

现在有一台名为阿尔法零的机器［由计算机工程师大卫·席尔瓦（David Silver）发明］，它的象棋、将棋（被称为"日本国际象棋"）和围棋（有10^{320}种可能的走法的中国围棋）比任何世界冠军下得都好。[3]这个版本的阿尔法零只接收了每个游戏的规则，没有学习任何人的走法。与自己对战数千场之后，它能够从自己的经验中学习，学会哪种下法更好，哪种更坏，很快就能超过任何一个大师。这些机器不像人类那样下棋，它们的策略不同。他们根据反复试错设计自己的走法，结果是他们比人类做得更好。

"艺术家"机器

德国艺术家马里奥·克林格曼（Mario Klingemann）基于

神经网络设计了一个人工智能程序来创作绘画作品。根据之前讲过的，我们人类其实一点儿也没有原创性，我们只是把已有的东西联系起来以创造一些新的东西。克林格曼把上千幅17世纪到19世纪欧洲著名艺术家的画作加入他的算法中。有了这个图像库，程序通过拆分、组合、转动，总之，操纵它拥有的一切（使用它的"乐高积木"让它们彼此了解），来生成新的画作。接下来，这个程序过滤、判断"这可能是人类画的吗？"，并根据这个规则，不断地挑选作品。和席尔瓦的阿尔法零一样，这个机器从自己的经验中学习，每几秒钟就能创作出一幅独特的艺术作品，然后把作品投影到墙上。观众可以不

断地欣赏画作，感受机器的无限想象力。

克林格曼的机器在2019年的苏富比拍卖会上以32 000英镑的价格售出，价格远低于人工智能创作的第一幅画作《埃德蒙·德·贝拉米》（*Edmond de Belamy*）——几个月前在佳士得以432 500美元售出。这么多钱通常会引起争议，在这种情况下，一位年轻的程序员指责这幅画的作者（三名法国学生，名为Obvious[1]小组）使用了他在网上发布的开源代码。谁是《埃德蒙·德·贝拉米》的真正作者？不止一个人吗？如果创造力要建立在以前的基础上……辩论是有用的。毫无疑问，在法律层面上，识别人工智能创作的一些作品的作者身份并非易事。

这里又展开了另一个讨论，那就是机器是否可以创造艺术。多项研究表明，大多数人无法区分一件艺术品是由人类创作的还是由机器创作的。到目前为止，我们一直假设每一个创造性行为背后都有一个想要交流的灵魂；但是，或许要重新审视我们对艺术的概念。从我们称之为"科技—生命"的问题中又产生了新的问题：机器可以传递情感吗？欣赏艺术作品的人能感觉到什么？艺术作品背后的情感取决于人们是否知道作者的身份吗？这些是另外几个需要继续思考的话题。

---

① 中文直译为"明显"。——编者注

音乐和机器

你可能已经知道，20世纪60年代出现了甲壳虫乐队的歌曲，与此同时，也产生了最初由机器创作的音乐。这些开创性的程序开始模仿巴赫的风格创作乐曲。随着时间的推移，一点点发展，如今与泰琳·萨顿（Taryn Southern）这样的歌手结合创作流行和摇滚音乐，或者创作整张专辑，比如《你好世界》（*Hello World Album*）这张专辑是用Flow Machines[1]的帮助完成的，其原理类似于克林格曼设计的绘画机器人。它的创造者与索尼实验室合作，创作各种风格的音乐，从桑巴到威尔第，再到说唱。结果它创作出了多种多样的高质量歌曲，受到了最苛刻的评论家的好评。如今，Flow Machines不想取代任何音乐家，因为它需要背后有人来选择和混合它做出旋律。它的目标是帮助艺术家产生更有延伸性的、更有创意的联想。

无可争辩的事实是，在当今世界，人工智能在与音乐相关的所有方面都发挥着至关重要的作用，从创作到发行。只需单击一下，你就可以要求程序以你的风格为你创作一首歌曲：弗拉门戈融合、电子流行或任何能想到的一种风格。识别歌曲、选择音乐和创建下一个播放列表，几乎一切背后都有算法。竖起耳朵仔细听，因为你现在听到的可能是机器创造的……也没

---

[1] 一款用于创作歌曲的人工智能系统，中文直译为流动机器。——编者注

有什么关系，对吧？

奇点

　　未来科技发展变得不可控和不可逆的假设时间点被称为"奇点"。我们正在见证，随着时间的推移，机器变得越来越智能，未来有一天机器可以自行改进，无须人工监督。每一代都将变得更聪明，这些更快、更有效的改进周期将催生优于人类智慧的人工智能的技术大爆炸。这就是即将发生的事情。很可怕，但更可怕的是，这是有可能实现的，而且每天都越来越向这一天逼近。

　　我们的大脑空间是有限的（最大限度就是头颅中能装下多少），神经元之间的交流受到人类生物学构造的限制，最高速度达到每秒120米。相比之下，机器不受这些限制：机器可以占据无限的空间，电力的传播速度比我们的神经元快100万倍。

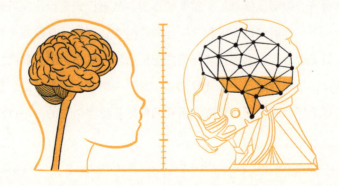

鉴于此，我们有两个选择：惊慌失措，搬到一个遥远的地方居住，远离世俗的噪音；或者，我们可以把这当作一次学习的机会。因为在教机器发挥创造力并实现它的过程中，我们也了解我们的大脑在发挥创造力时是如何运作的。实际上，人工智能是一扇**机会之窗**，可以教给我们很多关于创造过程的知识。[5]

在未来会有增强创造力的
治疗方法吗

是否有可能发明一种可以提高创造力的药（合法且安全）？我们在第三章讲过，有许多物质可以改变大脑状态，从而影响创造力。但是由于它们的副作用，似乎都不值得推荐。是否有安全有效的治疗方法在研发当中？未来的治疗方法基于最初为其他领域开发的技术，而最近有人开始把焦点集中在创造力上。

我的多巴胺水平是多少

如果你认识患有帕金森病的人，你会注意到他们脸上几乎没有表情，也几乎不眨眼。反之，如果你认识患有眼睛抽动症的人，你会发现恰恰相反：他们经常闭上眼睛，有时会使劲地挤眼睛。帕金森病患者缺乏多巴胺，而抽动症患者多巴胺过多。事实上，眨眼的频率提供了有关大脑多巴胺水平的信息，我们知道多巴胺是创造过程重要的大脑信使。[6] 因此，闭眼睛的频率可以反映我们的创造能力。

虽然每种创造性活动最合适的节奏仍有待确定，但不难想象未来手机App就可以客观地衡量你的创造力。手机App会为你制作一个视频来测量你的眨眼率，它会实时告诉你你的多巴胺水平，有了这些信息，它可以引导你进行一种或另一种创造性活动。绿色：现在是头脑风暴的好时机；橙色：最好卷起袖子，执行一个你已经选好的创意；红色：去散

步······想象一下，有一个应用程序可以帮助你充分利用每一个瞬间。它肯定会提高创作过程的效率。希望有人发明它！

大脑活动可以被记录

如果你曾经做过心电图，你会记得有一些贴片贴在心脏、手和脚上——使用这个表面电极系统可以捕捉以相同节奏（同步振荡）行动的神经元群体的大脑活动。为了做脑电图（也叫EEG），我们将电极贴在头皮上或直接贴在头骨上（如果你是秃头，你可以避免之后头发粘在一起：脱发还是有一些优势的！）。根据神经元的活动，我们将测量速度差不多的快波。频率范围很广：从每分钟半个周期（如果我们熟睡）到每分钟15~30个周期（如果大脑非常活跃并且在处理信息）。阿尔法波是平均频率为8~13Hz的振荡，在休息和闭眼放松时被记录。

在世界各地的实验室进行的多项研究（结果的可重复性总是非常可靠）表明，大脑额叶和顶叶区域的神经元活动处于阿尔法波频率范围内，与更强的创造力有关。[7] 人们认为这种大脑活动的减少（从30Hz到12Hz是一个重要的减少范围）可能会增强创造力，因为它会关闭外部刺激的触角，防止精力分散，在促进水平思维和框架外思维发展时抑制明显联想。[8] 因此，似乎阿尔法活动有利于创造力。我们已经讲过，闭上眼睛可以增加阿尔法波动（还记得第四章的练习吗？）。有没有其他方法可以增加阿尔法波动？答案是肯定的。

用电刺激大脑

如今许多大脑电磁刺激技术正在研发当中，这些技术可以调节神经元的活动，使它们以一定的频率振荡（毫不夸张，可以让它们按照我们要求的节奏舞动）。例如，直接或交替经颅刺激是用一个简易且相对便宜的（大概200欧元）仪器进行的，这个仪器只有一个电池和两个电极（一个负极和一个正极）。电极放置在头骨上，在我们想要刺激的区域，当电池打开时，会发射低压电流（1~2微安，也就是说，它不会电死任何人）。重要的是，要知道电刺激可以激活神经元加快或减慢它们的速度，这个取决于表面电极的极性（如果你喜欢物理学，你会很想知道到达正极的电流会增加兴奋性，以及到达负极的电流会降低兴奋性）。

如今，已经证实，电刺激可以改善抑郁症患者的状况，还能缓解其他疾病，如痴呆症、帕金森病、瘫痪；当然，还能提升创造力。尽管仍有许多问题需要研究，但似乎在某些额叶区域10Hz左右的电刺激会增强发散性思维，[9]而其他区域（前额叶皮层的背外侧区域）的电刺激会增强收敛性思维。[10]

真的很引人入胜，你不觉得吗？在不久的将来，也许我们家中都有这些设备。我们可以在选定的区域（还有待确定）施加少量电力，从而增强我们的创造力。一点儿都不糟糕。它似乎比跑步，正念法，锻炼大脑灵活性、工作记忆、联想能力更容易……

下一个起点将是你的大脑

你能想象你可以控制自己的大脑活动吗？现在我想让我的神经元振荡得慢点儿，现在我想让它们振荡得更快一点儿，现在我想让我的神经元进入阿尔法节奏，因为这似乎可以增强创造力，等等。人们尝试通过神经反馈技术控制神经元的节奏。最常用的技术是在头皮上放置电极来聆听和观察大脑活动。捕获到的所有信息都通过计算机程序进行处理，并显示在我们面前的屏幕上。通过图表、颜色或不同声音的形式可以看到你的神经元是快还是慢。目标是训练个体，使神经元按照他们选择的节奏运动。而且，正如你已经猜到的那样，想要获得创造力，就是想要在额叶区域实现阿尔法节奏（注意：不是在整个大脑中）。

有一些非常复杂的程序可以显示你的大脑活动，就好像它是一个太空飞船穿越太空的电子游戏一样。当你接近阿尔法节奏时，你会获得奖品，而如果远离，你会进入一个黑暗的隧道。这就像用自己的大脑玩电子游戏一样！正是这个原因，就像在所有电子游戏中一样，通过不断训练，你会提高自己，你会更快、更多次地接近目标。目前，神经反馈被用于控制或治疗焦虑、头痛、注意力缺陷或冲动。它也被成功地用于增强音乐家和舞者的创造力[11]，但结果存在争议。[12]当神经科学研究确定我们想要在哪里及以什么速度来增强我们的创造力时，用大脑进行的电子游戏可以增强我们的创造力。想象一下，如果在开始执行你的创意方案之前，仅仅几场比赛就足以让你获得最佳阿尔法节奏，使它成为你日常工作的一部分，那会是什么样子……

或许那个未来离现在的距离比我们想象的更近。

参考文献

1. Kim, KH. «The Creativity Crisis: the Decrease in Creative Thinking Scores on the Torrance Tests of Creative Thinking». *Creativity Research Journal*. 2011; 23: 285-95.

2. Kim, KH. «Creativity Crisis Update: America Follows Asia in Pursuing High Test Scores Over Learning». *Roeper Review*. 2021; 43: 21-41.

3. Silver, D et al. «A general reinforcement learning algorithm that masters chess, shogi, and Go through self play». *Science*. 2018; 362: 1140-4.

4. Gangadharbatla, H. «The Role of AI Attribution Knowledge in the Evaluation of Artwork». *Empirical Studies of the Arts*. 2021.

5. Purves, D. «What does AI's success playing complex board games tell brain scientists?». *Proceedings of the National Academy of Sciences*. 2019; 116: 14785-7.

6. Chermahini SA, Hommel B. «The link between creativity and dopamine: Spontaneous eye blink rates predict and dissociate divergent and convergent thinking». *Cognition*. 2010; 115: 458-65.

7. Fink A, Benedek M. «EEG Alpha power and creative ideation». *Neuroscience and Biobehavioral Reviews*. 2014; 44: 111-23.

8. Stevens CE, Zabelina DL. «Creativity comes in waves: an EEG-focused exploration of the creative brain». *Current Opinion in Behavioral Sciences*. 2019; 27: 154-62.

9. Lustenberger, C et al. «Functional role of frontal alpha oscillations in creativity». *Cortex*. 2015; 67; 74-82.

10. Weinberger, AB et al. «Using transcranial direct current stimulation to enhance creative cognition: Interactions between task, polarity, and stimulation site». *Frontiers in Human Neuroscience*. 2017; 11: 246.

11. Gruzelier JH. «EEG-neurofeedback for optimising performance. II: Creativity, the performing arts and ecological validity». *Neuroscience and Behavioral Reviews*. 2014; 44: 142-58.

12. Naas A et al. «Neurofeedback training with a low-priced EEG device leads to faster alpha enhancement but shows no effect on cognitive performance: a single-blind, sham-feedback study». *PloS One*. 2019; 14: e0211668.